U0021346

羅德尼・鄧恩（Rodney Dunn）在新南威爾斯（New South Wales）鄉間的一座農場上長大。在廚師學徒時期，羅德尼在和久田哲也（Tetsuya Wakuda）麾下、位於雪梨名聲盛譽的餐廳——Tetsuya's 工作，其後轉往美食媒體界發展。

從那時起，他為許多澳洲的美食雜誌開發食譜，並在電視節目【改造美食家園】（Better Homes and Gardens）擔任美食研究員。2004 年，他加入《澳洲精品美食旅遊雜誌》（Australian Gourmet Traveller），擔任美食編輯，並在此崗位貢獻 11 年之久。

為了追尋唯有簡樸生活才能帶來的風情，羅德尼和家人在 2007 年離開雪梨，搬到塔斯曼尼亞州（Tasmania），並成立了「農業廚房」（The Agrarian Kitchen）。羅德尼栽種蔬菜水果、養育豬隻、擠山羊乳以及飼養蜜蜂，展現了他對食物的滿腔熱情；同時也透過德文特谷（Derwent Valley）農場上的這間廚藝學校，和學生分享他的烹飪經驗，包括屠宰、煙燻、柴燒烹飪法（Wood-fired cookery）、烘焙和保存方法。羅德尼對於食譜的熱愛，透過他超過 800 本食譜收藏的藏書閣中，一覽無遺。2013 年，羅德尼出版了第一本食譜：《農業廚房》（The Agrarian Kitchen）。

theagrariankitchen.com

松露聖經

從湯品、肉類、蔬食、海鮮到甜點，
一次掌握63道美妙松露料理

the truffle cookbook

rodney dunn

羅德尼‧鄧恩————著

路克‧柏吉斯（Luke Burges）————攝

黃亭蓉————譯

LaVie

獻給賽薇里妮（Séverine）、崔斯坦（Tristan）和克蘿伊
（Chloé），他們讓我了解什麼是生命中最重要的事物。

前 言

◇◇

不久之前，大部分的人還把「松露」與餐後端上桌、或是特殊場合做為送禮的小圓巧克力聯想在一起。在澳洲首次種下松露 20 年後的今天，松露不只出現在餐廳的菜單上，我們也開始在精品食材行和農夫市集看見它的蹤跡。甚至還可以線上訂購松露，短短幾天內就送到你家。

從農業廚房創校初始，我們每年冬天都慶祝松露季節，一開始是一頓 24 人的午餐盛宴。彼得·庫柏（Peter Cooper）和「來自塔斯曼尼亞的佩里戈爾黑松露」（Perigord Truffles of Tasmania）品牌的鄧肯·賈爾維（Duncan Garvey），是開創澳洲松露工業的元老，他們前來分享松露的一切，並示範尋找松露（帶著他的狗狗）的過程。其後，會展開七道菜餚組成的饗宴，讓座上賓充分體驗松露迷人的風味和多種用途。這個慣例後來演變為松露烹飪課程，讓參與者在盛宴開始前，都能獲得更多松露體驗。

在《農業廚房》出版後，我完全沒想到下一個企畫居然是出版松露料理書。松露神祕又捉摸不定，而且氣場強大，讓多數人在下廚前，聞之卻步。但能深入研究這道食材，對我來說無疑是一種殊榮和特權。向我提議這項企畫的，是我的出版商茱莉·吉卜斯（Julie Gibbs）。自從我的松露課程開課後，茱莉每年都參與。她說，儘管大眾現在更容易取得松露，但市面上對於如何烹飪松露，卻沒有太多建議。本書的概念因此油然而生。

◇

在我還是年輕的廚房學徒時，只見過松露兩次，而且這兩次都是在雪梨羅澤爾（Rozelle）神聖的 Tetsuya's 餐廳裡。它們都是白松露，裝在保麗龍盒中，從機場直接送到餐廳後門。我們這一群年輕廚師團團圍著保麗龍盒，看得目瞪口呆、肅然起敬。看著這顆平滑的米白色小疙瘩從盒中取出時，我還記得，辛烈的香氣立刻充滿整個廚房 —— 那道香氣還特別讓我聯想到大蒜。

一直到我搬到塔斯曼尼亞州、創立「農業廚房」之後，才首次獲得機會，在烹飪中使用塔斯曼尼亞州當地所栽種的佩里戈爾黑松露（Perigord black truffle）。這一切都是因為我們剛好跟彼得‧庫柏住在同一條街上，他的老婆吉兒（Jill）在當地經營五金行，所以每次我們需要松露時，他就會把松露留在五金行，讓我們自取。我們常開玩笑說，這是澳洲唯一一家同時可以買到一包釘子和松露的五金行。

我還記得我們第一次的松露午餐，是和我在 Tetsuya's 時期的摯友路克‧柏吉斯（Luke Burgess）一起烹飪的。我們把一大堆黑松露削成薄片，奢侈且毫不保留地加在料理上。我還記得，我停下動作，轉頭望向路克，並說：「你能相信我們現在在做什麼嗎？」

從那天起，經歷了數公斤的松露後，那股魔力絲毫未減。不論這道魔力是透過迷人的香氣和風味，或是曇花一現的松露季節，還是鄉野奇譚而維持住，我真心期望可以激勵更多人來朝聖松露。只要記得，加一丁點松露，就能帶來莫大的改變。

什麼是松露？

◇◇

松露是一種地下真菌（Subterranean fungus）的子實體（Fruiting body）。它的名稱源自拉丁文 "Tuber" 一字，意指膨脹物或是疙瘩。儘管松露是蘑菇的近親，它們卻演化出一種特別的習性：它們會與宿主 —— 樹木們，發展出一種稱為菌根（Mycorrhiza）的共生關係。無法行光合作用的松露會從樹木上取得糖分（Sugars），並提供菌絲（Hyphae，細菌絲〔Fine fungal filaments〕）這個高等系統做為交換，讓樹木得以汲取土壤中的水分和營養素。樹木也能透過菌絲，得以探索比自身根部所能觸及多上一百倍至一千倍的土壤量。甚至有證據指出，在地下形成的菌根網絡，還可能做為樹木的通信網絡，在樹木間傳遞資訊……，這就是最原始的長途電話（Trunk call）[01]。

由於松露生長於地下，當陸地上發生風霜時，得以受到庇護，這也使它們免於風乾。唯一的弊處在於，松露無法倚靠風來散播它們的孢子（Spore），而是得仰賴動物挖出食用，好將孢子散播於森林各處。這也是為什麼松露在成熟時，會需要散發濃烈的氣味。松露為了要確保自己的孢子被吃掉，還有另一個妙招：只有在經過咀嚼後，其脂質性的細胞膜才會破裂，並散發出風味。

---

01 Trunk call 原文直譯為樹幹通話，意指長途電話，作者在此開了個雙關語玩笑。

松露工業

∞

1890 年代是法國松露的全盛時期，產量高達 2000 噸。能達到如此高峰，都歸功於約瑟夫・塔隆（Joseph Talon）—— 他在 19 世紀初時發現，把來自一顆產松露橡樹的幼苗移植至另一處時，新的橡樹株也能自己產出松露。這項發現遠早於我們了解真菌與樹木的（菌根）關係之前。另一個叫做奧古斯特・盧梭（Auguste Rousseau）的男人則將塔隆的技術改良精煉，並透過出版與推廣個人技術，在 1855 年巴黎萬國博覽會獲得殊榮。

最早大範圍栽種松露的地區，也是因為農人原先栽種的葡萄受根瘤蚜（Phylloxera）肆虐後，試圖尋找新契機。在這之後，法國的松露種植開始起飛，並在 1890 年，擁有了高達 750 平方公里的松露林，帶來空前絕後的松露產量。

但兩次的世界大戰損傷了松露產業，由於缺乏照顧和松露耕作知識的流失，導致產量驟降。從那時起，全世界的松露產量持續衰退。沒有人知道確切的原因：有人認為是氣候變遷，造成雨量減少，或是在生態系統中，農藥使用量增加；其他理論則宣稱，在全盛期過後，鮮少再次栽種，導致原先產松露的樹木早已超出能產松露的樹齡。另一個偏陰謀論的理論則稱，松露產業如此機密，我們很難得知到底挖掘出多少松露，因此，或許松露產量根本沒有減少。

在 1960 年代晚期、1970 年代早期，法國及義大利的科學家研發出新技術，成功分離特定松露品種孢子和接芽（Inoculating）的飼主樹根。樹苗或是所剪下之扦插的枝條會在溫室環境中培養後，才在松露園裡種下。這也讓松露園得以設置在世界各地合宜的氣候帶，包括紐西蘭及澳洲南部。

澳洲的松露工業

發現澳洲的第一顆松露是在 1999 年 6 月 19 日，但故事要從更早以前說起。在我剛搬到塔斯曼尼亞州、創立「農業廚房」時，萬萬沒想到，原來澳洲的松露故事，正在同一條路、彼得‧庫柏的土地上展開。彼得在自家土地上，與農學家鄧肯‧賈爾維合作，試著開創全新的農業企業。自此為止，由於各種原因，他們的點子到處碰壁。有次，鄧肯在朗塞斯頓（Launceston）出席一場晚宴時，剛好聽到隔壁桌在談論松露。基於相似的氣候與緯度，在塔斯曼尼亞州或許也能種出松露，鄧肯因而向彼得提出了這個主意（彼得後來承認，他那時連松露是什麼都不知道，只聽過松露巧克力而已！）儘管如此，他們倆決定要放手一搏。

1994 年，彼得和鄧肯在紐菲爾德農業獎學金（Nuffield Farming scholarship）的資助下，拜訪法國，並發現法國的研究站對於栽種松露的資訊相當保密，但當他們意識到這些澳洲人不打算把機密洩漏給其他法國研究站之後，出乎意外地變得樂於分享。在人家的地盤上，彼得和鄧肯僅透過洽詢、拜訪以及會見，便得以和業界的領袖交談，像研究員與栽培家。

起先，彼得和鄧肯在塔斯曼尼亞州共有 27 個不同的松露據點。本質上，他們與農夫合作，在農夫的土地上栽種樹木來生產松露。種松露的好處在於，規模小到只要一公頃即可，不會浪費太多土地，但賭注也十分高昂，農夫在初始投資建置樹木、圍欄，以及重度石灰化（Limimg）來鹼化土壤後，早就做好了能回本的準備。實際上，松露園的樹木應至少已經種下 10 年。彼得說，如果起初投下的成本能更低的話，或許半路放棄就不會這麼難了。

雖然彼得現在已退出業界，專注於耕作自己的土地，而鄧肯仍在經營「來自塔斯曼尼亞的佩里戈爾黑松露」，透過販售樹木、提供建議與諮商，繼續協助想進入松露界的人們，同時也持續透過公司維持松露園的行銷和銷售。

澳洲的松露產業才剛萌芽，包含維多利亞（Victoria）、新南威爾斯和西澳（Western Australia），以及塔斯曼尼亞等南方各州皆有種植。說得婉轉一點，成果其實好壞參半，有些松露園成功產出可營利的產量，但某些松露園則地下無子，或是

產量不高，難以回本。即使在人工種植時，松露依舊野性不減、捉摸不定，就跟在野外採集時沒兩樣，這對某些人來說十分喪氣，不過對其他人來說，則更加確立它特別的地位。就產量而言，最成功的便是西澳州，特別是以曼吉馬普鎮（Manjimup）為中心的區域。

最近，在維多利亞州中部的一塊土地上，在一棵笠松（Stone pine）的接芽根部，找到了白松露。儘管這則新聞令人振奮，但很重要的一點還是得說明：雖然這顆松露是白色的沒錯，卻只不過是波爾基松露（Tuber borchii，一種品質較差的白松露），而不是高價的阿爾巴白松露（Alba white truffle，學名：Tuber magnatum，請見第 12 頁）。

彼得·庫柏也承認，即使在栽種松露 20 年後，對於促使松露生長的真正因素，我們還沒有更深的了解。即便在成功孕育出松露的土地上、在看似相同的土壤種下更多樹木時，仍然無法產出任何松露。

先不論未來的科學奇蹟如何，或許我們還是以作家大仲馬（Alexandre Dumas）在《美食大辭典》（Grand Dictionnare de Cuisine）書中的一句話做結尾比較好：「學士淵博的人被問及松露這種東西時，即便經過兩千年的爭執與討論，他們的答案還是跟最一開始一樣：我們什麼都不知道。松露本身也受到審問，對此它們僅僅回覆：你就感謝上蒼，繼續吃我們就對了。」

松 露 的 季 節

───

澳洲佩里戈爾黑松露（Tuber melanosporum）的盛產季節為隆冬。在季節初始，隨著土壤溫度下降，松露會在土壤中開始成熟，因此盛產季節約從五月底開始，一直持續到八月初。

松露狗 VS 松露豬

——

尋找松露的傳統方式，是透過母豬的嗅覺。可以這麼說，由於成熟的松露和公豬雄甾烯醇（Androstenol，一種用以吸引母豬的費洛蒙）的氣味相似，因此母豬能夠聞出松露。在世界上某些地區，仍然會透過豬來找松露，但大部分已被狗取代。

當松露挖掘出土後，豬會迅速地獨吞，就跟飼主人類一樣享受。聽說，許多老松露獵人為了要從飼養的豬隻口中奪回松露，缺了好幾根手指。

另一方面，狗對於食用松露則興趣缺缺 —— 牠們的獎賞則是裝在松露獵人的口袋裡。在找到松露後，牠們被訓練要乖乖坐在一旁等待。能聞松露的獵犬極為珍貴，價值連城。不幸地是，據說無良的松露獵人會對競爭對手的獵犬下毒，好在狩獵中占上風。尋找松露通常沒有特定的犬種（除了在義大利，主要飼養拉戈托羅馬閣挪露犬〔Lagotto Romagnolo〕作為松露獵犬），不過這並不代表品種就不重要。重點是，牠們得要有狩獵跟挖掘的欲望 —— 不過在家庭陪伴犬當中，這些可稱不上是受青睞的特質。

松露的種類

∞

就像蘑菇有各式各樣的品種，松露的種類也變化繁多。與世界各國相比，澳洲的松露種類更加多元。在未經證實下，粗略推估可能有高達 1000 ～ 2000 種。至今，尚未在澳洲原生的松露家族當中，發掘任何具烹飪價值的品種，但還是存有被開發的可能性。

著名的烹飪用松露主要有兩種，以及其他數種較罕為人知的種類。在名單頂端的，便是佩里戈爾黑松露和來自義大利的阿爾巴白松露。至於哪一種松露才是最棒的，大家爭論不一，因此，主要還是依各地區取得的便利性而定（所以義大利人偏好白松露，而法國人喜歡黑松露），而在世界各地，這兩種松露都有被使用，依個人偏好而定。

佩里戈爾黑松露（Perigord black truffle，學名：Tuber melanosporum）：這種松露顏色烏黑，表面粗糙，內部則是黑紫色，且分布著白色紋路（Veins）[02]。儘管它以法國地區命名，卻也能在義大利和西班牙的某些地區找到；而在歐美兩洲，或最近在紐西蘭、澳洲和智利，也有栽種。由於能在澳洲取得，所以也是本書食譜中所使用的松露。

阿爾巴白松露（Alba white truffle，學名：Tuber magnatum）：白松露比佩里戈爾黑松露還罕見，能取得的區域就更少了。主要分布在義大利的皮埃蒙特（Piedmont）、托斯卡尼（Tuscany）和艾米利亞─羅馬涅（Emilia Romagna），因此市場價格也較高。它具有平滑的白棕色外皮，內部則是淺咖啡色，並帶有白色紋路。最適合在端上桌前，削成細薄片、撒在溫熱的料理上食用。

夏季松露（Summer truffle，學名：Tuber aestivum）：外觀與佩里戈爾黑松露相似，內部顏色較淺，香氣與風味也較淡。正如名稱所示，此種的松露盛產於夏季月分。

冬季松露（Brumale truffle，學名：Tuber brumale）：在松露園中，這款松露的人氣不高。它和佩里戈爾松露產地相同，內部的紋路走向通常較為分散，且以聞起來像肉豆蔻著稱。它在烹飪界具有一定的價值，但仍舊不是貨真價實的松露。不幸的是，有時它還會被賣給不疑有他的人，因此要特別小心。

---

02 正式名稱為產孢組織（Gleba）。

松露購買須知

◇◇

當歐洲無良販賣松露商的故事聽多了，想保持足夠的信心知道自己在尋找什麼樣的松露，可能是一項艱鉅的任務。正確的來說 —— 當你付出大筆金錢，當然會想買到高品質的松露。令人欣慰的是，由於澳洲的松露工業剛萌芽，大部分的賣家只想供應顧客最高品質的松露。這是因為要發展市場需求，他們得先提供每位顧客正面的經驗。

在不久之前，澳洲市面上唯一的松露，只有法國的罐裝松露而已。但與其說是松露，還不如說像是曲棍球。新鮮的松露極易腐敗，從地面上摘取那一刻開始，便開始喪失水分與香氣。因此，盡快送達到消費者手上，非常重要。

就像我先前提到的，通常你會發現澳洲的松露業者極為熱心，特別是直接向松露農或是有經驗的代理商購買。與他們對話，並悉心受教。請記得，由於各種環境因素使然，每顆松露在香氣濃度上都會稍有出入，但首要挑選的，便是強烈的香氣。這代表松露是在成熟時被採收。如果太早採收，它就不會繼續成熟，而且從那一刻起，香氣和風味會持續減弱。松露的質地也應該堅實 —— 不應柔軟或鬆軟有彈性，因為這代表松露過老，或是並未妥善保存。

根據「澳洲松露商農場」（Australian Truffle Traders）的蓋文・布思（Gavin Booth）所述，購買的松露都應該已被清潔，表面的塵土也已刷乾淨。松露上應該會有一處切面，顯示內部的紋理（Marbling）。松露應該有烏黑色與白色的菌絲體（Mycelium），而且清晰可見。若有棕色或模糊的部分，通常是過度灌溉或浸水所造成，這也意味著松露的保存期限不長。

來自黑土松露農場（Terra Preta Truffles）的彼得・馬歇爾（Peter Marshall）則主張密度：松露應該要沉甸甸的。在你拿過好些個松露後，就會知道箇中差別。

彼得・庫柏說，購買松露時，應該先使用你的鼻子。如果松露香氣不濃，不論形狀、尺寸或顏色有多正確，都沒必要興奮。通常，這些特徵會同時呈現。而彼得談及採集松露時，眼神發亮 —— 在所有他收集的松露中，每年只會有 2 ～ 3 顆達到完美的境界。

「它們聞起來如蜜般芳香清甜。而白色紋路幾乎隱沒在巧克力色中。不過，任何懂松露的人都知道，你不會在市面上看到這種松露。因為供應商會私藏起來，而且立即享用。」

別感到不知所措。到頭來，最重要的還是香氣 —— 如果你打算馬上吃掉它，那麼其他的指標就無關緊要了。

採購松露清單表

———

強烈的芳香或香味。

比照其尺寸，松露應該要堅實沉重，絕非柔軟
或鬆軟有彈性。

乾淨不帶塵土。

松露的切面應呈現烏黑的內部，並帶有清晰的
白色紋路。

03　右頁註：可能是作者的年齡層與地區獨有，此處推斷有些人認為穿襪子做愛較為享受，因而有此譯。

松露的香氣

——

這絕對是松露愛好者最大的難題之一。我聽過的答案包括「呃」、「嗯嗯」、「啊啊」等支吾其詞，甚至連「穿襪子做愛」[03]（Sex and socks）的描述都有，實在令人遐想。但對尚未入門者來說，卻可能不是推銷松露風味的最好說詞。

先說佩里戈爾黑松露好了。許多人會描述，它具有大地氣息，就如同森林的地面一樣。它們跟蘑菇源自同一科，所以會有相同的獨特風味。它們也具有強烈鮮味（Umami）的特性，在肉類料理中，能提升肉的味道，或是賦予濃郁的鹹味，與帕瑪森起司和乾燥牛肝菌的效果相似。黑松露也適合搭配甜點，當用於甜點時，會呈現如巧克力和香草相似的特色風味。

相對地，白松露則屬鹹味，而且帶有明顯的大蒜香氣。

正如我先前所提，松露之所以會散發如此獨特的氣味，是為了要吸引路過的哺乳類動物，希望牠們能挖出來食用。對母豬來說，它的吸引力在於反映出公豬的氣味。因此，要說是穿襪子做愛，倒也沒有錯。

如何保存松露

◇◇

正確的保存方式對你的美食投資，十分重要，因為保存不良的松露會急速喪失香氣與風味。松露應該在購買後的 2～3 週內，使用完畢，以確保你能享受到充分的香氣。

保存松露最好的方法，就是放到玻璃罐中，同步也放進廚房紙巾，這是為了吸收水氣，接著放進冰箱冷藏。廚房紙巾應每天更換，因為松露會呼吸（Respire）而製造出更多水分。要把松露運用到淋漓盡致的話，可以在罐子裡放幾顆蛋，吸收松露的香氣。

如果松露長出白霉（White mould），不需擔憂，只要將黴菌刷除，再將松露與新的廚房紙巾一起放回罐中即可。請盡早使用這些松露，因為它們已經無法保存太久。以及，也避免把松露與米飯一起保存，因為米飯會讓松露變乾，帶走水分與香氣。

彼得‧馬歇爾的建議是，將松露放在冰箱中最不常打開的位置。如果溫度忽高忽低，松露會更快變質。請記得，松露是活的，溫度的改變會讓它長得更快。如果保存妥善，松露可以保質很長一段時間。

不過，彼得建議，如果你要長時間保存松露，之後製成松露奶油（請見第 37 頁）的話，請用保鮮膜把松露包好，放進冷凍庫儲藏。如果你手邊有一些松露片，可以把它們放進伏特加、阿夸維特 [04]（Aquavit）、白蘭地、卡爾瓦多斯 [05]（Calvados）等酒中，浸泡 4～5 天，讓酒注入松露風味 —— 不論做為哪一餐的開場，都非常棒。只要確保，所需的浸泡時間過後，過濾掉松露即可，因為松露是活的，浸泡時間太長的話，會開始腐爛。

至於在職業餐廳廚房的話，蓋文‧布思則建議，把松露真空包裝在乾淨的免洗擦拭布（Kitchen cloth wipes）當中，例如潔飛牌（Jiffy）或洽可絲牌（Chux），並達到 80% 的真空程度。

04 　產於斯堪地那維亞地區的一種加味蒸餾酒。

05 　產於法國北部的一種蘋果白蘭地酒。

松露在烹飪中的運用

◇

賦予松露風味的揮發性有機化合物（Volatile organic compounds）為脂溶性（Fat soluble），因此當你把松露與其他天然脂肪含量高的食材搭配時，絕對不會錯：奶油、鮮奶油（Cream）、豬油、蛋等。首次使用松露時，我建議你製作簡單的料理就好。松露炒滑蛋會成為經典料理（請見第 38 頁），不是沒有原因的 —— 蛋中的脂肪以及任何使用的乳製品，都會強化松露的風味。如果你在製作這道料理之前，有機會把蛋和松露一起存放幾天，成果會更佳。

根據彼得·馬歇爾解鎖松露風味的關鍵，在於酸度與辣度的使用，鮮奶油及奶油當中的乳酸（Lactic acid）則特別有效果。重要的是，若能將松露磨碎或刨片，以破壞包住風味分子的薄膜，所散發出的風味才真正驚人。

當使用光譜儀（Spectrometer）觀測黑松露時，會發現它具有約 150 種不同的風味化合物，這些化合物在不同的松露中，也各有不同的結構變化。

在食用松露時，蓋文·布思的首要祕訣，就是在法式清湯或高湯中使用（請見第 42 頁）。他主張，真正厲害的主廚能巧妙運用松露，把料理提升至新高度，而非只是讓料理嚐起來帶有松露味而已。

彼得·庫柏則建議，不要把松露刨得太薄，特別是當你想要讓松露的風味慢慢地釋放到起司等食材中時，像是經典的松露布里起司一樣（請見第 33 頁）。

彼得回憶起與賈克·培貝爾（Jacques Pebeyre）—— 來自著名的培貝爾松露家族，該家族從 1897 年起，就在法國交易松露 —— 一起共進午餐。賈克從松露分類室中（當日收集到的 500 公斤松露），選出四顆松露，並刨片進一個棕色紙袋中，然後帶給當地的酒吧製作成煎蛋。當松露削成厚片，在食用時，還能享受到松露質地的嚼勁。

我必須說，在創作這本食譜時，我對於美麗松露的熱情，變得更加強烈。它們是最終極的風味增添劑，賦予料理額外的鮮味。雖然它們容易被番茄、檸檬等高酸度食物搶風頭，但只要你遵循上述的簡單訣竅，把松露與含有乳製品的料理搭配使用，例如用牛奶烹煮羊肉，或是把松露鮮奶油加進淡菜與韭蔥中（請見第 96 和

78 頁），便不會出錯。使用奶油來捕捉松露迷人風味的手法，無出其右，不論是塞入馬鈴薯可樂餅，或拌入手切細義大利麵中（請參見第 116 和 62 頁）。

黑松露最讓人驚豔的，就是使用在甜點，出奇美味。它能全面提升卡士達的風味（我在甜點章節中，納入了好幾份食譜），或是，你也可以試試看第 143 頁、以英式蛋奶醬（Crème anglaise）攪製而成的冰淇淋。

由於松露季節十分短暫，我強烈建議你充分利用它們 —— 不只是創造特殊餐點，也可以提升日常點心的味道，例如松露爆米花和馬鈴薯片（請見第 39 和 125 頁）。在松露每年短暫莅臨時，歡迎這道魔法食材進入你家廚房吧 —— 它定能為你帶來靈感與愉悅。

松露油

————

彼得·馬歇爾相信，松露風味不溶於重油，他還清楚地記得，有一次以松露製成的大餐，因為一道甜點使用了過多的松露油，而毀了整頓料理。市面上有許多不同品牌的松露油，但請小心，這些油大部分都使用由石油化工（Petrochemicals）所製成的合成食品添加劑來調味。即使瓶底沉著一小片松露，它也可能是夏季松露（請見第 12 頁）或小白松露（The Bianchetto）這類的低品質松露。

那我個人的建議是什麼呢？如果你想要貨真價實的松露，請把錢省起來，等待松露季節到來，再享用新鮮松露吧！

cheese

起 司

打發松露布里起司
佐糖醋汁紅蔥頭

whipped truffle brie with
glazed shallots

製作 6 份，做為起司料理中的配菜

這道料理讓布里起司變成超脫世俗般地輕盈，而且僅一小塊布里起司，就能充分發揮它的味道。如果你跟我一樣不喜歡起司外層硬皮的話，那直接享受起司內部滑順十足的口感吧！金黃蔥頭的香甜與酸性是起司最好的搭配，吃不完的話，還可以當成三明治的配料。

1 將烤箱預熱至攝氏 180 度。

2 把麵包兩面都刷上橄欖油。放在一個烤盤上，烘烤到呈現金黃色為止，約 8 ～ 10 分鐘。取出，靜置一旁冷卻。

3 在此同時，去除布里起司的外皮，並把起司放入一個裝有攪拌槳的電動攪拌機的碗中。加入稀奶油和松露，攪打 5 分鐘，或是直到質地變得輕盈蓬鬆為止。冷藏備用。

4 將烤箱溫度降低至攝氏150度。把金黃蔥頭均勻鋪在烤盤上，放入烤箱烘烤，直到它們剛好變柔軟為止，約 10 分鐘。在一個小型平底深鍋中，混合醋與糖，用大火煮沸。把金黃蔥頭剝皮，加入鍋中，接著把火轉小，燉煮 10 ～ 15 分鐘，直到混合後的食材，濃縮成糖漿狀為止。

5 使用一根溫熱的湯匙，將打發的布里起司，大匙大匙地舀至餐盤上，並搭配糖醋汁蔥頭以及烤麵包，即可上桌。

果乾麵包（Fruit bread）或酸種麵包
　（Sourdough）薄片 12 片
橄欖油 2½ 大匙
熟成布里起司（Ripe brie）500 克
稀奶油 [06]（Pouring cream）180 毫升
　（¾ 杯）
磨細碎的黑松露 15 克
金黃蔥頭（Golden shallots）300 克
紅酒醋 200 毫升
細砂糖 100 克

---

[06] 脂肪含量只有 35%，鮮奶油脂肪與牛奶比例最低，呈液狀。

切達起司、菊芋
與松露卡士達

cheddar, Jerusalem artichoke and
truffle custard

製作 8 份

蛋 4 顆

雞湯底 750 毫升（3 杯）

海鹽 ½ 茶匙

磨碎的熟成切達起司[07]（Aged
　　cheddar）100 克

磨細碎的黑松露 20 克，外加搭配用的
　　松露薄片

烤菊芋

菊芋[08]（Jerusalem artichoke）1 公斤，
　　洗淨

特級初榨橄欖油 60 毫升（¼ 杯）

海鹽和現磨黑胡椒粉

這道簡單又輕巧的卡士達食譜，是日式茶碗蒸的改良版，而且適用於任何食材。它可以當作前菜，但我個人喜歡在主菜與甜點之間，端出這道輕盈的鹹味小菜。我特別喜歡用來自塔斯曼尼亞州東北部的派恩加納（Pyengana）的美味切達起司，不過你也可以使用任何來自法國北部和瑞士，且風味強烈並帶有堅果味的起司，包括康提（Comté）、瑞克雷（Raclette）以及提爾西特（Tilsit）起司。

1　製作烤菊芋。將烤箱預熱至攝氏 200 度。在一個烤盤中混合菊芋及橄欖油，並依個人口味，加入鹽和胡椒調味。烤 1 ～ 1.5 小時，或是直到變軟嫩為止。舀出菊芋，靜置一旁冷卻。

2　在一個碗中打蛋，並拌入菊芋和剩餘的食材，接著，均勻地舀入 8 個 200 毫升的耐熱碗或小烤皿中，蒸 10 ～ 15 分鐘（若需要的話，可以分批），或是直到剛好凝固為止。撒上少許的松露片，趁溫熱時上桌。

07　熟成至少一年以上。

08　又可稱為：耶路撒冷洋薊。

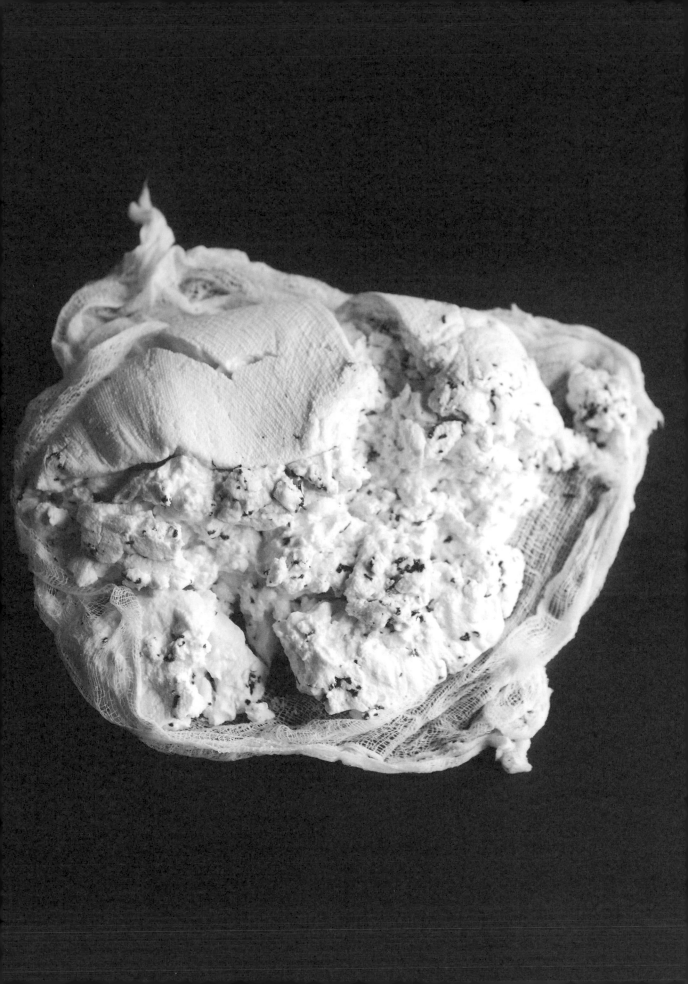

新鮮凝乳起司
佐松露
與帕瑪森起司薄片

fresh curd
cheese with truffle and shaved
parmesan

製作約 1.3 公斤

只要你有凝乳酶[09]，要製作這道簡單的起司並不難，而且，如果你把它做為前菜或起司料理端上桌的話，定會驚豔全席。你可以在 cheeselinks.com.au 線上購買素食凝乳酶[10]，約可冷藏一年。別把非均質化牛奶和未經巴氏殺菌的牛奶（Unpasteurised milk）搞混了。非均質化牛奶是製作起司的關鍵原料，很容易在超市買到[11]——就是那種頂端可以看到鮮奶油漂浮的傳統牛奶。這代表牛奶並未經過精密過濾器過濾，使得脂肪分子均分成一樣的大小，懸浮在牛奶中。還有，請確保你使用的優格，仍含有活菌。

1 在一個平底深鍋中，將牛奶和優格加熱至攝氏 35 度。把凝乳酶與已煮沸且冷卻的冷水混合，接著加入牛奶中，攪拌 2 分鐘。蓋上鍋蓋，靜置於一旁，直到凝乳凝固為止，約會花上 2 小時。

2 使用一把銳利的刀子，把凝乳切成 2 公分大小的塊狀，接著舀入一個鋪有棉紗布的濾盆中，並輕輕地拌入松露和鹽。將棉布四角提起，用細繩綁住開口，將起司懸掛於一個有開口的罐子上，隔夜冷藏。

3 當你準備好要端上桌時，每份餐點都舀上起司、淋上橄欖油並撒上帕瑪森起司薄片。搭配脆皮圓麵包端上桌。這道起司可冷藏保存長達 2 週。

---

09 凝乳酶（Rennet）來自動物，可用於製作起司。

10 台灣較難購買到凝乳酶，可向食品材料行詢問。

11 台灣的牛奶多數都經過均質化處理。

非均質化牛奶（Unhomogenised milk）5 公升
活菌優格 350 克
素食液態凝乳酶（Vegetarian liquid rennet）1 毫升
滾水 1 大匙，冷卻
磨細碎的黑松露 25 克
細海鹽 50 克
特級初榨橄欖油，淋灑用
削成薄片的帕瑪森起司以及脆皮圓麵包（Crusty bread），搭配使用

山羊起司
與松露烤酥皮

goat's cheese
and truffle baked in pastry

製作 4 份，做為輕食

整輪硬質山羊起司 200 克

油酥千層麵皮（Filo pastry）4 張

奶油 50 克，融化

果泥 40 克，例如榲桲（Quince）、李
　子或蘋果

削成薄片的黑松露 10 克

在這道酥皮料理中，柔軟又滑順的山羊起司與果泥極為相配。如果可以的話，請提早 1 ～ 2 天製作，好讓松露得已融合起司中。要上桌前，再烘焙即可。

1　將烤箱預熱至攝氏 180 度，並在烤盤上鋪上烘焙紙。

2　使用一把銳利的刀子，將起司對切為四大塊。將一張油酥麵皮放置於乾淨的平面上，並刷上奶油。一張一張疊上剩下的麵皮，每一層都刷上奶油。將酥皮沿長邊切半，再沿短邊切半，共得出四個長方形。

3　在每塊長方形酥皮的尾端，放上滿滿一茶匙的果泥，再放上一片山羊起司，以及一丁點松露薄片，接著捲起來封口。刷上奶油，並放置於準備好的烤盤，封口處朝下。烤 20 ～ 25 分鐘，或是直到呈現金黃色為止。撒上松露，立刻端上桌。

烤起司吐司佐松露

grilled cheese toasts with truffle

製作 6 份，可搭配沙拉
做為零食或輕食

特熟成切達 [12]（Vintage cheddar）150
　克，粗略磨碎
葛瑞爾起司（Gruyère）100 克，粗略
　磨碎
莫札瑞拉起司 125 克，粗略切碎
帕瑪森起司 30 克，磨細碎
青蔥 3 根，切薄片
第戎芥末醬 1 大匙
啤酒 60 毫升（¼ 杯）
磨細碎的黑松露 15 克
酸種麵包 6 片

說到療癒系食物，在大部分的人心中，起司吐司肯定榜上
有名。再加點松露，味道鐵定會更好，對吧？重點是，不
應該等到招待賓客或特殊場合時，才使用松露——你隨時
都可以享用。現在這道深夜零食又更引人興趣了。

1　在一個碗中，混合所有的起司、青蔥、芥末、啤酒和松露。

2　將烤箱高溫預熱，把每片麵包的其中一面烤至酥脆。把麵包
放在烤盤上，酥脆面朝下，另一面塗上剛剛拌好的起司。放回
烤箱，加熱直到起司融化，並開始轉變為褐色為止，約 2 分鐘。
立刻端上桌。

12　熟成超過 15 個月以上。

松露風味起司
佐焦糖核桃

truffle-infused cheese with candied walnuts

製作 8 份，做為起司料理的一部分

在起司中加入松露，並非新鮮事。如果你曾經疑惑過，其實很簡單，只要把起司和松露一起放在密閉空間中數日即可。在過程中，松露不需要跟起司接觸，所以如果你打算在其他食譜中使用松露，也不會有影響。然而，為了要達到最佳效果，可以把松露鋪在起司的中央。鹽味的焦糖核桃能為這道料理的質地，帶出美好的對比，而且也能自成一道佳餚。

1　使用一把銳利的刀子，將起司沿水平面切成一半，並鋪上一層松露薄片。闔起兩半起司，接著放入一個密封的塑膠容器當中，冷藏至少 24 小時，但最好不要超過 3 天。

2　製作焦糖核桃。在一個平底深鍋中，混合核桃和糖，接著在中大火間攪拌，直到糖融化，並開始焦糖化為止。當糖變為深色焦糖時（約 5 分鐘後），加入鹽，接著將完成的焦糖核桃分散置於一個鋪有烘焙紙的烤盤上，靜置於一旁冷卻。當冷卻後，壓碎，並放入一個密封容器中，可保存長達 3 天的時間。

3　將起司和焦糖核桃搭配脆皮圓麵包或餅乾，即可上桌。

軟質起司（Soft cheese）300 克，例如康門貝爾（Camembert）或布里起司
削成薄片的黑松露 18 克
脆皮圓麵包或起司餅乾，搭配用

焦糖核桃
剖半的核桃 150 克（1½ 杯）
細砂糖 150 克
海鹽片（Sea salt flakes）¼ 茶匙

榛果法式甜甜圈
佐松露味山羊凝乳

hazelnut beignets with truffled
goat's curd

製作 35 份

法式甜甜圈 [13]（**Beignets**）是一種可愛的小泡芙（**Choux puffs**），而且加了鬆軟滑膩的內餡——我在這裡使用松露味山羊凝乳。這道食譜有兩個小技巧：請確保泡芙乾爽，才能保持酥脆；而且在上桌前，再加內餡。如果你想要的話，也可以在烘烤泡芙前，撒上粗略切碎的榛果仁。

1　在一個小碗中，混合橄欖油和大蒜，並靜置一小時。

2　將烤箱預熱至攝氏 220 度，在一個大型烤盤上鋪上烘焙紙。

3　在一個大型平底深鍋中，混合奶油、鹽和 250 毫升（1 杯）的水，用中大火煮沸。當奶油融化後，加入麵粉，並用木湯匙大力的攪拌，直到麵糊的質地變得滑順，且不再沾黏鍋壁為止。離火。

4　在麵糊中打一顆蛋，攪拌勻勻。逐一加蛋，一次加一顆，攪拌勻勻後，再加入下一顆。

5　將麵糊舀入一個擠花袋中，裝上直徑一公分的基本花嘴，在烤盤上，擠上直徑 3 公分的球狀，並撒上榛果仁。烘烤 10 分鐘，接著將烤箱溫度調降至攝氏 180 度，再繼續烤 10 分鐘，或是直到呈現金黃色為止。放置冷卻至室溫，接著放入密封容器中，最長可保存 3 天。

6　將山羊凝乳壓入一個細篩網中，過篩，加入橄欖油和大蒜混合物，以及松露。依個人口味，加入鹽和胡椒調味。充分攪拌勻勻。

7　上桌前，將法式甜甜圈剖半，加入山羊凝乳。最好是在上桌不久前，再執行此步驟。若你將甜甜圈放入密封容器中的話，可以在室溫下保存長達 3 天。

---

13 法式的無孔甜甜圈。

特級初榨橄欖油 60 毫升（¼ 杯）
大蒜 2 瓣，切細碎
奶油 100 克
海鹽 1 茶匙
中筋麵粉 140 克
蛋 4 顆
榛果仁 50 克，烤好、去殼並粗略切碎
山羊凝乳（Goat's curd）400 克
磨細碎的黑松露 18 克
海鹽和現磨黑胡椒粉

奶油是傳遞松露風味的最佳媒介。乳酸能解鎖松露中的風味分子，讓我們的味蕾更容易感受到。製作奶油非常簡單——事實上，許多人在過度打發鮮奶油時，已經不知不覺製作出奶油了！一旦製作過松露奶油，你會發現，它適用於各種料理。在下一頁，我會提供一些點子，幫你踏出第一步。

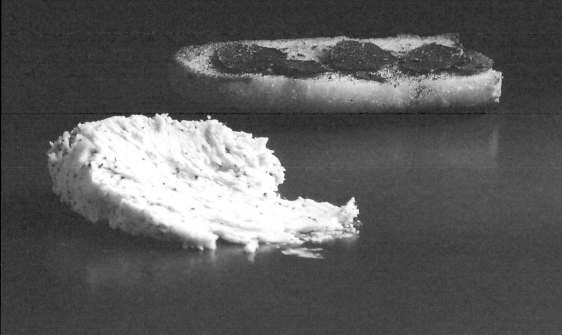

松露奶油

truffle butter

製作 220 克

稀奶油 500 毫升（2 杯）
海鹽片
磨細碎的黑松露，依口味添加

1 在一個電動攪拌器中，打發稀奶油，直到稀奶油分離為一大團一大團的黃色奶油，以及類似乳清狀的液體為止。你需要不時暫停攪拌器，刮碗的內部。

將稀奶油倒入一個篩網中，將乳清過濾至一個碗中，並丟棄。在冷水下沖洗奶油，壓出所有殘留的白脫牛奶（Buttermilk），因為它們會讓奶油快速變質。依個人口味，加入鹽和松露調味，並按壓奶油來混合。

2 把奶油放入密封容器中，並冷藏備用。松露奶油可冷藏保存 2 週。

松露炒滑蛋

truffled scrambled eggs

製作 2 份

松露奶油 60 克
蛋 5 顆
稀奶油 100 毫升
海鹽和現磨黑胡椒粉
酸種麵包 4 片，烤至酥脆
削成薄片的黑松露，搭配使用

1 在一個寬口的大型平底鍋中，用中火融化松露奶油。

2 在一個大碗中，將蛋和稀奶油一起打發，加鹽調味。

3 當奶油呈現泡沫狀時，加入蛋液混合物，並使用木湯匙攪拌，直到蛋液形成凝乳狀，但仍稍微保留液態為止。

4 鍋子離火，加入些許胡椒。將炒滑蛋舀至吐司上，撒上一丁點的松露薄片，完成。立刻上桌。

松露爆米花

truffle popcorn

製作約 5 杯（125 克）

植物油 2 大匙
爆米花專用玉米粒 200 克（1 杯）
松露奶油 80 克
海鹽或松露鹽（請見第 125 頁）

1　在大型平底深鍋中，用中大火加熱植物油，加入玉米粒，並攪拌勻勻。蓋上鍋蓋，加熱直到玉米粒開始爆開；持續加熱，直到爆米花聲響的間隔數秒鐘。

2　加入松露奶油，攪拌直到融化。依個人口味加鹽調味，立刻上桌。

松露吐司

truffle toast

製作 6 份

法國麵包 1 大條
松露奶油 125 克
削成薄片的黑松露，搭配使用

1　使用麵包刀，將法國麵包沿長邊切一刀、沿短邊切三刀，共切出六等份。將烤箱以高溫預熱。

2　把法國麵包塊的切面朝下，放置烤盤上，烤到酥脆，約 1 ～ 2 分鐘。

3　從烤箱取出法國麵包，翻面，並在還未烤的那一面，塗上厚厚一層的松露奶油。放回烤箱，再烤 1 ～ 2 分鐘，烤至酥脆，且奶油融化為止。麵包上擺上幾片松露薄片後，立刻上桌。

◇◇◇ chapter two ◇◇◇

soups

湯

雞湯
佐松露牛髓丸

chicken broth marrow and truffle
dumplings

製作 6 份

雞骨 1 公斤
雞翅 500 克
黃洋蔥 2 顆，粗略切碎
紅蘿蔔 4 根，粗略切碎
芹菜 5 根，粗略切碎
平葉洋香菜 2 枝
百里香 2 枝
黑胡椒粒 1 大匙
海鹽
削成薄片的黑松露，裝飾用

松露牛髓丸
牛骨髓 200 克，切細碎
新鮮麵包屑 50 克（⅔杯）
平葉洋香菜 2 大匙，切細碎
迷迭香 1 大匙，切細碎
細香蔥 2½ ～ 3 大匙，切細碎
中筋麵粉 40 克
蛋 3 顆，稍微打散
磨細碎的黑松露 12 克
海鹽和現磨黑胡椒粉

最滋補的佳餚之一，莫過於一碗簡單的雞湯。同時使用雞翅和雞骨，能提升湯中的膠質含量，還能讓湯頭更濃稠。骨髓可跟肉舖訂購，也因為對健康有益，而廣為食用。不過啊，這道食譜只為美味而存在。

1　將烤箱預熱至攝氏 220 度。

2　將雞骨和雞翅放入一個大型深烤盤中，烤 30 分鐘，或是直到呈現深棕色為止。將雞骨和雞翅移至另一個大型平底深鍋中，加入蔬菜、胡椒粒和 4 公升的冷水。用大火煮沸。

接著轉至中火，燉煮 3 小時，期間不時去除浮沫。依個人口味加鹽調味。接著以細篩網過濾高湯，蔬菜則丟棄。總共製作出約 3 公升的高湯。

3　製作肉丸。將所有製作牛髓丸的食材放入碗中，依個人口味，用鹽和胡椒調味。使用 2 根小湯匙，把食材塑形成法式肉丸狀 [14]（Quenelles）或是球狀。把肉丸擺放在鋪好烘焙紙的烤盤上，冷藏 30 分鐘。

在平底鍋中加入鹽水，用中火煮沸。一次只加入幾顆肉丸，慢慢地燉煮 4 ～ 5 分鐘，或是直到它們浮至水面上為止。使用漏勺取出肉丸，放入碗中。重複此步驟，直到完成所有的牛髓丸。

4　上桌前，用中火加熱 2 公升的雞湯，加入牛髓丸，煮 2 分鐘，直到完全加熱為止。舀入碗中，以松露薄片裝飾，立刻端上桌。

---

14 如橄欖球的形狀，兩端呈現尖錐狀。

松露蔬菜濃湯
truffle and vegetable potage

製作 6 份

奶油 50 克

黃洋蔥 1 顆，切細碎

大蒜 4 瓣，切薄片

馬鈴薯 700 克，去皮並粗略切碎

紅蘿蔔 3 根（約 300 克），去皮並粗
略切碎

歐防風[15]（Parsnips）3 根（約 300 克），
去皮並粗略切碎

西洋芹（Celery）3 根，切細碎

瑞典蕪菁[17]（Swede）1 顆（約 380 克），
去皮並切細碎

煙燻培根 120 克，去除硬皮並粗略切
碎

雞湯底 2 公升

黑葉甘藍（Cavolo nero）60 克，切極
薄片

磨細碎的黑松露 12 克，外加搭配用的
松露薄片

海鹽和現磨黑胡椒粉

在寒冷的冬日夜晚，這道濃郁的蔬菜湯既暖胃又有飽足感。
若無法取得食材列表中的一些蔬菜，可以改為把其他的蔬
菜量增加。你也可以捨去培根，改以蔬菜湯底取代雞湯，
這道料理就會成為蔬食料理。

1　將奶油放入一個大型平底深鍋，用中大火加熱，直到產生泡
沫為止，接著加入洋蔥和大蒜，約煎炒 10 分鐘，直到洋蔥變得
十分柔軟為止。加入馬鈴薯、紅蘿蔔、歐防風、西洋芹、瑞典
蕪菁和培根，煎炒直到蔬菜開始變軟為止，約 8 分鐘。

2　加入雞湯，加熱煮沸 10 分鐘。加入黑葉甘藍，煮 5 分鐘，
或是直到甘藍變得軟嫩為止，接著加入松露，繼續煮 2 分鐘。
依個人口味，加入鹽和胡椒調味。搭配松露薄片，立刻端上桌。

15　又稱為歐洲防風、芹菜蘿蔔。

16　又可稱蕪菁甘藍。

烤菊芋松露湯

roasted jerusalem artichoke and truffle soup

製作 4 份

菊芋 1.6 公斤，用力擦洗
橄欖油 60 毫升（¼ 杯）
雞湯底 1 公升
黃洋蔥 2 顆，切薄片
海鹽
稀奶油 100 毫升
磨細碎的黑松露 15 克，外加搭配用的
　　份量

實際上，菊芋是一種向日葵屬的塊莖植物，跟朝鮮薊並沒有親屬關係。它們有個相當倒楣的綽號：放屁薊。因為它們會讓人類排出臭氣，這是人體代謝菊芋內含的菊糖 [17]（Inulin）的緣故。不過，它們在每個人身上所造成的影響，都不盡相同，而且啊，話說回來，菊芋還真的挺美味的。

1　將烤箱預熱至攝氏 180 度。

2　將菊芋放入一個深烤盤中，淋上一大匙的橄欖油。放進烤箱烘烤，直到變得軟嫩為止，約 40 分鐘。用食物處理機打碎菊芋，至粗略切碎的質地。接著加入雞湯底，繼續攪打至質地滑順為止。用湯匙把打碎後的菊芋，以擠壓的方式，透過篩網過濾，並保留過濾後的膏狀混合物。

3　在一個大型平底深鍋中，把剩餘的橄欖油加熱，加入洋蔥和一撮鹽，用中小火烹調，直到洋蔥變得極軟為止，約 15 分鐘。加入剛剛過濾好的菊芋、稀奶油和松露，用中火攪拌，直到充分加熱為止。

4　把湯舀入碗中，可另外加上松露，立刻上桌。

---

17 菊糖是菊苣中所含的天然水溶性植物纖維。

洋蔥湯
佐松露熔岩起司

onion soup with truffle melted cheese

製作 4 份

奶油 100 克，粗略切碎

黃洋蔥 2 公斤，切薄片

牛肉湯底 1 公升

百里香 4 枝

平葉洋香菜 3 枝

月桂葉 1 片

海鹽和現磨黑胡椒粉

葛瑞爾起司 250 克，粗略磨碎

磨細碎的黑松露 12 克

1 公分厚的法國麵包斜切片，8 片，稍
　微烤過

**讓洋蔥釋出甜味的祕訣，就在於長時間的緩慢烹調，唯有
如此，才能釋放洋蔥真正的風味。成功的關鍵在於耐心──
別為了縮短烹飪時間，而忍不住把爐火調大。**

1　在一個大型、寬口的厚底平底深鍋中，用中火融化奶油，並
加入洋蔥。蓋上鍋蓋加熱，時時攪拌，約 20 分鐘，或是直到洋
蔥變軟為止。移除鍋蓋，煮一小時，或是直到洋蔥變軟，或是
開始焦糖化為止。

加入 125 毫升（½ 杯）的湯底，燉煮 5 分鐘，或是直到幾乎揮
發為止。重複此步驟三次，直到加完 500 毫升（2 杯）的湯底。

2　使用烹飪專用的料理繩，把香草綁在一起，接著把剩餘的湯
底、鹽和胡椒一起，加入洋蔥中。加熱至沸騰後，把火轉小，
繼續燉煮，刮下焦糖化的殘渣，約 40 分鐘，或是直到湯變得濃
厚為止。

3　將烤箱預熱至攝氏 200 度。

4　把湯舀至四個 375 毫升（1½ 杯）的耐熱碗中，放置於烤盤上。
撒上一半的起司和松露，接著每碗湯都放上兩片烤過法國麵包，
撒上剩餘的起司和松露。放入烤箱，烤 5 分鐘，或是直到起司
融化為止。立刻端上桌。

白色花椰菜
燻魚松露湯

smoked fish, cauliflower and truffle soup

製作 6 份，做為前菜

僅管鮭魚是市面上最常製成煙燻魚的品種，但還有更多有趣的選擇，包括鱈魚、鯖魚和鰻魚，而其他選項則依季節而定。選用高品質的煙燻魚，能增進湯的風味，而且若加在牛奶中，還能釋放更深層的煙燻味。請確保魚確實經過真火的煙燻，而不是被刷上煙燻水而已。

1　在一個大型平底深鍋中，用中火加熱 2½ 大匙的橄欖油，加入洋蔥，烹煮至變軟為止，約 10 分鐘。加入牛奶和湯底，慢慢煮沸；接著加入煙燻魚，煮 5 ～ 10 分鐘，或是直到魚肉變得軟嫩為止。使用漏勺把魚取出，放到另一個盤子。

2　鍋子加水，加入花椰菜的花球，煮到花球變得極軟為止，約 15 分鐘。將花球放入攪拌機中打碎，直到質地變得滑順為止（如果家中有的話，也可以使用手持攪拌棒）。依個人口味，加入鹽、胡椒調味，並加入松露。

3　在一個小型平底鍋中，用中大火加熱橄欖油。加入鼠尾草葉，並轉動鍋身約一分鐘，直到葉片變脆為止。取出鼠尾草，放在餐巾紙上瀝乾。

4　使用兩根叉子，把煙燻魚撕成魚片，均勻分配至各餐碗中。倒上花椰菜湯，撒上乾燥的鼠尾草葉，再淋上烹飪鼠尾草的油，立刻端上桌。

橄欖油 150 毫升
黃洋蔥 1 大顆，切細碎
牛奶 800 毫升
魚湯底 800 毫升
煙燻魚 150 克
白色花椰菜小菜花 600 克（約 ½ 顆花椰菜）
海鹽和現磨黑胡椒粉
磨細碎的黑松露 15 克
鼠尾草葉 1 大把

蟹肉松露湯
crab and truffle soup

製作 4 份

藍花蟹（Blue swimmer crab）1.5 公
　　斤（約 7 隻）
奶油 140 克
黃洋蔥 2 顆，切細碎
西洋芹 2 根，切細碎
紅蘿蔔 2 根，切細碎
大蒜 3 瓣
新鮮月桂葉 2 片
百里香 2 枝
番茄糊 2 大匙
乾白酒 100 毫升
君度香橙利口酒（Cointreau）2½ 大匙
中筋麵粉 80 克
生蟹肉 300 克
磨細碎的黑松露 15 克
海鹽和現磨黑胡椒粉

蟹肉熬出來的湯相當奢華，竅門就在於榨取出蟹肉中的每一滴風味。嚴格說來，這道湯算是海鮮濃湯（Bisque），使用烤過並壓細碎的甲殼類熬煮，再用細篩網過濾貝殼，但仍保留其風味。傳統上，漁民會使用這道工法，來提煉品質不足以上市的貝類中所含的風味。

1　將烤箱預熱至攝氏 200 度。

2　將螃蟹放在一個烤盤上，烤到變紅且散發出香味為止，約 20 分鐘。靜置於一旁冷卻。

3　在一個大型平底深鍋中，用中火加熱 60 克的奶油，加入洋蔥並煎炒 6 分鐘，或是直到變軟為止。加入西洋芹、紅蘿蔔、大蒜和香草，約炒 8 分鐘，或是直到變軟為止。

加入番茄糊，持續攪拌 5 分鐘，接著倒入白酒和君度香橙利口酒，燉煮 5 分鐘，或是直到水分濃縮為原先一半的份量為止。

4　將螃蟹加入鍋中，煮 5 分鐘，使用湯匙將蟹殼壓爛成泥狀，接著加入 3 公升的水，煮 30 分鐘。

離火，過濾鍋中的固體物質，只留下湯底，並稍微放置冷卻。將固質物分批加入食物處理機中打碎，直到質地變得滑順為止，接著以細篩網過濾。你總共會需要 1.8 公升的湯底（如果總量不夠，可以再加入少許的水）。

5　在一個大型平底深鍋中，用中大火加熱剩餘的奶油。加入麵粉，攪拌 2～3 分鐘，或是直到兩者混合均勻，且散發香味為止。離火，加入少許蟹肉湯底並攪拌，直到質地滑順並均勻為止。

放回爐火上，攪拌，直到所有食材慢慢煮沸，加入蟹肉，用中火煮 2 分鐘，或是直到剛好煮熟為止。加入松露，依個人口味，加鹽和胡椒調味，立刻端上桌。

牛尾蘑菇
松露蕎麥湯

oxtail, mushroom, truffle and
buckwheat soup

製作 6 份

橄欖油 100 毫升

切塊牛尾 1 公斤

黃洋蔥 1 大顆，切細碎

大蒜 5 瓣，切薄片

紅蘿蔔 2 根，去皮並切細碎

綜合乾燥蘑菇 50 克

滾水 400 毫升

牛肉或雞肉湯底 1.5 公升

蕎麥 2 大匙

磨細碎的黑松露 20 克

海鹽和現磨黑胡椒粉

新鮮蘑菇 300 克，例如波特菇
　　（Portobello）或是板栗蘑菇
　　（Chestnut），擦淨並切片

牛尾風味滿溢，非常適合用來熬湯。不需要使用湯底，因為只要慢慢的、長時間的烹煮牛尾，便能自然而然產生美味湯底。你會發現，我在這道食譜中，同時使用了新鮮且乾燥的蘑菇，因為乾燥的蘑菇能賦予湯頭濃厚的香菇風味。不論使用哪一種蘑菇都可以，而罐裝綜合乾燥蘑菇在大部分熟食店皆有販售 [18]，但如果無法取得的話，也可以使用牛肝菌。

1 在一個大型防火法式砂鍋（Flameproof casserole dish）中，用中大火加熱 2½ 大匙的橄欖油。加入牛尾片烹調，時時翻面，直到充分轉變為棕色為止。移至一個盤上。將洋蔥、大蒜和紅蘿蔔加入鍋中，烹調並時時攪拌，直到洋蔥變得極軟為止，約10 分鐘。

2 在此同時，將乾燥的蘑菇放入一個耐熱碗中，加入滾水。靜置一旁 10 分鐘。

3 將切塊的牛尾放回砂鍋中，加入湯底。煮沸後，加入乾燥蘑菇和其浸泡用水。蓋上鍋蓋，並用小火慢慢地燉煮 3 小時。

4 將蕎麥和松露加入湯中，繼續煮 15 分鐘，或是直到蕎麥變嫩為止。依個人口味，加入鹽和胡椒調味。

5 在一個大型平底深鍋中，用大火加熱剩餘的橄欖油，加入新鮮蘑菇，煎炒 10 分鐘，或是直到蘑菇轉變為金黃色，邊緣也變脆為止。邊攪拌、邊將蘑菇加入湯中，接著舀入碗中即可上桌。

---

18 在台灣，乾燥香菇較容易取得，可至傳統市場、超市或上網購買。

pasta

義 大 利 麵

南瓜義式培根
松露千層麵

pumpkin, pancetta and truffle lasagne

製作 6 份

南瓜（Pumpkin 或 Squash）[19] 1.5 公斤，
　例如奶油南瓜（Butternut）或是昆
　士蘭藍南瓜（Queensland blue），
　去皮、去籽並切成一公分厚的薄片
橄欖油 2 大匙
海鹽和現磨黑胡椒粉
奶油 100 克
韭蔥 3 根，充分清洗並切薄片
稀奶油 375 毫升（1½ 杯）
義式培根 20 薄片
削成薄片的黑松露 20 克，外加裝飾用
　的份量
莫札瑞拉起司球（Bocconcini）125 克，
　切片
磨細碎的帕瑪森起司 40 克（½ 杯）

馬鈴薯義大利麵團
粉質馬鈴薯 [20]（Floury potato）900 克，
　例如克尼伯（Kennebec）或是愛德
　華國王（King edward）馬鈴薯
鹽 1 撮
中筋麵粉 150 克（1 杯）
細杜蘭小麥粉（Fine semolina）100
　克，外加抹撒用的份量
蛋黃 3 顆

千層麵是義大利麵界的霸主。這一道食譜雖偏離傳統，但南瓜、韭蔥和義式培根的組合簡直好極了。麵條使用馬鈴薯製成，類似義式扭奇（Gnocchi）的麵團，能創造出較輕盈、柔軟的手揉麵團，因此不需使用到義大利麵製麵機。

1　將烤箱預熱至攝氏 180 度。

2　在一個抹上少許油的焗烤盤中，擺上一層南瓜片，淋上橄欖油，並以鹽和胡椒調味。烤 35 ～ 40 分鐘，或是直到南瓜變嫩為止。

3　在此同時製作義大利麵麵團。將未剝皮的馬鈴薯放入大型平底深鍋中，裝滿冷水。加鹽，煮至沸騰，接著把火轉小，燉煮，直到馬鈴薯內部變軟，可以使用竹籤插入為止，約 20 分鐘。

把馬鈴薯瀝乾，接著剝皮，用馬鈴薯壓泥器或馬鈴薯碾米機搗碎溫熱的馬鈴薯，壓製成泥。稍微靜置冷卻，接著加入麵粉、小麥粉和蛋黃，並混合成柔軟的麵團。覆蓋，放置一旁備用。

4　在一個大型厚底平底鍋上，用小火加熱奶油，加入韭蔥，煎炒直到變得極軟為止，約 10 分鐘。

5　將麵團分成五等分。在一個乾淨的工作平台上，撒上大量的小麥粉，並將麵團擀壓約 5 毫米的厚度。你可以把麵團裁成焗烤盤的形狀。

6　在一個大型焗烤盤的底部淋上少許稀奶油，先放一片擀好的義大利麵皮，鋪上一半的義式培根和一半的南瓜。之後，加上另一層麵皮、一半的韭蔥，撒上松露薄片。再鋪一份麵皮，擺上剩餘的義式培根和南瓜。

接著再鋪上一層義大利麵皮、少許松露和剩餘韭蔥。加上最後一層麵皮，並放上莫札瑞拉起司球切片、磨碎的帕瑪森起司，完成。淋上剩下的稀奶油。放入烤箱，烘烤至冒泡，並呈現金黃色為止，約 45 分鐘。立刻搭配額外的松露薄片，即可上桌。

19　Pumpkin 和 Squash 皆譯為南瓜，差別在於大南瓜（Pumpkin）較大顆，產於秋冬季。而 Squash 較小顆，通常產於夏季。

20　馬鈴薯可分為粉質或蠟質。粉質馬鈴薯澱粉含量較高，質地較鬆軟。口感蓬鬆，適合製作濃湯、內酥外軟的料理。蠟質馬鈴薯澱粉含量較低，質地較扎實。

莫爾塔德拉香腸義式湯餃佐松露與根菜

mortadella tortellini with truffle and root vegetables

製作 6 份

莫爾塔德拉香腸（Mortadella）[21]300
　克
蛋 1 顆
磨細碎的黑松露 12 克，外加搭配用的
　份量
蛋 1 顆，稍微打散
橄欖油 100 毫升
黃洋蔥 1 顆，切極細碎
大蒜 4 瓣，切薄片
紅蘿蔔 1 根，去皮並切細碎
歐防風 1 根，去皮並切細碎
西洋芹 2 根，切細碎
根芹菜（Celeriac）200 克，去皮並切
　細碎
海鹽和現磨黑胡椒粉
磨細碎的帕瑪森起司，搭配用（自由選
　用）

義大利麵生麵團
中筋麵粉 110 克（¾ 杯），外加抹撒
　用的份量
細杜蘭小麥粉 40 克（¼ 杯），外加抹
　撒用的份量
蛋 2 顆
冰水 1～2 大匙

莫爾塔德拉香腸除了和脆皮圓麵包特別搭之外，還能製作成義式湯餃中濃郁又滑順的餡料。可以在烤盤上鋪一層義式湯餃，並冷凍存放，有需要時，再以冷凍狀態烹調。拌入醬汁後，即可端上桌。

1　製作義大利麵麵團。將麵粉和小麥粉放入一個大碗中，並在中央做井。加入蛋和冰水（你可能不會用到 2 大匙，依麵粉量而定），並用叉子攪拌勻勻。取出麵團，捏揉至質地變得滑順為止。用保鮮膜包裹，放置一旁備用。

2　將莫爾塔德拉香腸切細碎，放入食物處理機攪打，直到香腸打得極細碎，接著加入蛋、松露，繼續打碎，直到質地變得極為滑順為止。取出，冷藏備用。

3　將麵團分成兩份，一次處理一份，另一份先覆蓋保存。使用義大利麵製麵機，將滾輪寬度設定為最寬，把麵團置入機器中擀壓。接著把麵皮沿縱向對折，再次放入機器中擀壓，直到麵皮變得平順光滑為止。持續擀壓麵團，每次都降低厚度的設定，直到麵皮變得透明、達到一毫米的厚度為止。在麵皮上撒上少許麵粉。

4　使用直徑 6 公分的圓形切割器，將麵皮切成圓形，在每一片的中央放上一大匙莫爾塔德拉香腸材料。沿著邊緣刷上蛋液，對折成半圓形，沿著餡料周圍捏起，避免麵皮中留有氣泡。將半圓形的湯餃圍繞在你的手指上，把兩端的兩個角捏在一起並封住。把湯餃的頂部翻回來，放入一個抹好小麥粉的大烤盤上。

5　在一個大型平底鍋中，用中小加熱橄欖油，加入洋蔥和大蒜，輕輕炒 10 分鐘，或是直到變得極軟為止。加入紅蘿蔔、歐防風、西洋芹和根芹菜，時時攪拌，直到蔬菜變嫩，約 10 分鐘。依個人口味，加入鹽和胡椒調味。

6　用一個大型平底深鍋，以大火煮沸一鍋鹽水。加入湯餃，滾煮 2 分鐘。用漏勺撈出湯餃，並直接加入煎鍋的蔬菜中，均勻攪拌。再煮幾分鐘，讓風味融合。撒上磨碎的松露，即可上桌。如果你喜歡，也可以撒上帕瑪森起司。

21　亦可稱為「義式肉腸」。

手切細義大利麵
佐松露奶油
和松露味蛋黃

tajarin with truffle butter and truffled egg yolk

製作 8 份

松露奶油 200 克（請見第 38 頁）
松露風味蛋 8 顆（與松露一起放入罐中
　存放數日的蛋）
削成薄片的黑松露，裝飾用

義大利麵麵團

中筋麵粉 300 克（2 杯），外加抹撒用
　的份量
蛋黃 8 顆
冰水 1 ～ 2 大匙

義式麵包粉

質地粗糙的新鮮麵包粉 120 克（1⅔杯）
大蒜 1 瓣，切細碎
特級初榨橄欖油 1½ 大匙

這是一道極簡單的義大利麵，由松露擔綱主角。傳統上，這道料理會使用白松露，不過，黑松露版也絕不會讓你失望。這道義大利麵會放上一顆松露蛋黃，在食用前，先攪拌進義大利麵中，創造濃郁、絲滑質感的醬汁。雖然麵包粉並非必要，但在質地上能帶出美好的對比。

1　製作義大利麵麵團。將麵粉放入一個大碗中，並在中央做井。加入蛋和冰水（你可能不會用到 2 大匙，依麵粉量而定），並用叉子攪拌勻勻。取出麵團，揉捏至質地變得滑順為止。用保鮮膜包裹，置於一旁備用。

2　將麵團均分四份，一次處理一份，其他的覆蓋保存。使用義大利麵製麵機，將滾輪寬度設定為最寬，把麵團置入機器中擀壓。接著把麵皮沿縱向對折，再次放入機器中擀壓，直到麵皮變得平順光滑為止。持續擀壓麵團，每次都降低厚度的設定，直到麵皮變得透明、達到 2 毫米的厚度為止。

在麵皮上撒上少許麵粉，接著捲起，並用一把銳利的刀子切成 2 ～ 3 毫米寬的細麵條（或者，你也可以使用義大利麵機附帶的精細切麵器〔Fine cutter〕來切）。

3　製作義式麵包粉。將烤箱預熱至攝氏 180 度。在一個碗中混合所有的食材，並鋪在烤盤上。烘烤，時時攪拌，約烤 10 分鐘，或是直到呈現金黃色為止。取出，並靜置於一旁。

4　在一個大型平底深鍋中，用大火煮沸一鍋鹽水，加入義大利麵，煮 1 ～ 2 分鐘，或是直到爽口彈牙為止。瀝乾。

5　在此同時，在一個大型平底鍋中，用中大火融化松露奶油。加入義大利麵，攪拌勻勻。在每一份義大利麵上，各加一顆松露蛋黃、松露薄片，並撒上少許麵包粉後，立刻端上桌。

因為松露是一種真菌，自然與蘑菇十分相配。在這道食譜中，它們融合了貝夏梅醬，充餡至自製的義大利麵捲中。在烹調義大利麵捲時，請選擇一個形狀合適的焗烤盤——如此一來，能保持麵捲的形狀，成品更佳，還能避免義大利麵乾掉。

1　製作義大利麵麵團。將麵粉和小麥粉放入食物處理機中，攪拌勻勻。在機器運作的狀態下，加入蛋，並漸進式加入冰水，繼續攪拌，直到所有材料攪拌勻勻。揉捏麵團至質地變得滑順為止，用保鮮膜包裹，靜置至少一小時。

2　將麵團均分成四份，一次處理一份，其他的覆蓋保存。使用義大利麵製麵機，將滾輪寬度設定為最寬，把麵團置入機器中擀壓。接著把麵皮沿縱向對折，再次放入機器中擀壓，直到麵皮變得平順光滑為止。持續擀壓麵團，每次都降低厚度的設定，直到麵皮變得透明、達到一毫米的厚度為止。

3　在一個大型平底鍋中，用中大加熱橄欖油，煎炒大蒜與青蔥，約 2 ～ 3 分鐘。加入扁蘑菇、褐蘑菇、松露和香草，並煎炒直到變嫩，約 8 ～ 10 分鐘。加入牛肝菌以及浸泡用的水，燉煮，直到水分蒸發為止。依個人口味，加入鹽和胡椒調味。

4　製作貝夏梅醬。在一個平底深鍋中，加熱牛奶。在另一個平底深鍋中，加熱奶油直到冒泡；加入麵粉並攪拌，直到變成淡棕色。逐步加入奶油，攪拌直到質地變得滑順且冒泡為止。加入鹽、胡椒、肉豆蔻和帕瑪森起司調味，再拌入松露。

5　將烤箱預熱至攝氏 180 度。

6　將麵皮切成十張 10 公分 ×12 公分的方形（可將剩餘的麵皮以烘焙紙分層隔開，並放入密閉容器中，冷凍保存）。在一個平底深鍋中，用大火煮沸一鍋鹽水，加入麵皮，煮一分鐘。接著取出，放入冷水中。

7　把一半的貝夏梅醬與蘑菇混合，放入擠花袋中。沿著麵皮的長邊擠上餡料，並捲起封口。在一個抹好奶油的大型焗烤盤中，擺上義大利麵捲。舀上剩餘的貝夏梅醬，撒上帕瑪森起司。約烤 30 ～ 40 分鐘，或是直到呈現金黃色為止。以松露薄片裝飾，搭配蔬菜沙拉端上桌。

蘑菇松露
義大利麵捲

mushroom and truffle cannelloni

製作 6 份

特級初榨橄欖油 60 毫升（¼ 杯）
大蒜 4 瓣，切薄片
青蔥 3 根，切薄片
大型扁蘑菇（Large flat mushroom）
　　250 克
褐蘑菇（Swiss brown mushroom）
　　300 克
磨細碎的黑松露 15 克
百里香 1 大匙
鼠尾草葉 6 片，切薄片
乾燥牛肝菌 30 克，在 200 毫升的溫水
　　中，浸泡 10 分鐘
海鹽和現磨黑胡椒粉
現磨帕瑪森起司 40 克（½ 杯）
削成薄片的黑松露，裝飾用
新鮮蔬菜沙拉，搭配使用

義大利麵麵團

中筋麵粉 225 克（1½ 杯）
細杜蘭小麥粉 80 克（½ 杯）
蛋 2 顆
冰水 1 大匙

貝夏梅醬（Béchamel sauce）

牛奶 1.6 公升
奶油 200 克
中筋麵粉 200 克（1⅓ 杯）
海鹽和現磨黑胡椒粉
現磨肉豆蔻，依個人口味添加
現磨帕瑪森起司，依個人口味添加
現磨黑松露粉 15 克

蕎麥義大利碎麵佐球芽甘藍、核桃與義式豬油

buckwheat stracci with brussels sprouts, walnuts and lardo

製作 6 份

橄欖油 2½ 大匙
黃洋蔥 1 顆，切細碎
大蒜 3 瓣，切薄片
球芽甘藍（Brussels sprout）400 克，
　　切半
稀奶油 250 毫升（1 杯）
磨細碎的黑松露 15 克
海鹽和現磨黑胡椒粉
義大利豬油塊 12 塊
現磨帕瑪森起司，搭配使用
核桃 40 克，烘烤

義大利麵麵團

細杜蘭小麥粉 120 克（¾ 杯）
蕎麥粉 35 克（¼ 杯），外加抹撒用的
　　份量
蛋 1 顆
冰水 1～2 大匙
橄欖油，塗抹用

蕎麥粉能為義大利麵增添美妙的堅果風味，但由於它不含麩質，難以讓麵團結合在一起。因此，可在麵團中加入含有小麥成分的杜蘭小麥粉。這道義大利麵以手切方式，切成粗塊狀或是「碎麵」（Stracci，在義大利文中意指碎布）。豬油則是醃製的豬背脂肪，可於義大利熟食店購得 [22]。

1　製作義大利麵麵團。將小麥粉和麵粉放入一個大碗中，並在中央做井。加入蛋和冰水（你可能不會用到 2 大匙，依麵粉量而定），用叉子把所有材料攪拌勻。取出麵團，捏揉至質地變得滑順為止。用保鮮膜包裹，放置一旁備用。

2　將麵團均分成兩份，一次處理一份，另一份先覆蓋保存。使用義大利麵製麵機，將滾輪寬度設定為最寬，把麵團置入機器中擀壓。接著把麵皮沿縱向對折，再次放入機器中擀壓，直到麵皮變得平順光滑為止。持續擀壓麵團，每次都降低厚度的設定，直到麵皮變得透明、達到一毫米的厚度為止。

在麵皮上撒上少許麵粉，接著使用一把銳利的刀子，把麵片粗略地切成碎布狀，並靜置一旁。

3　在一個大型平底深鍋中，用大火煮沸一鍋鹽水，加入義大利麵，煮 2 分鐘。瀝乾，並拌入少許橄欖油。

在此同時，在一個大型平底鍋中，用小火加熱橄欖油，加入洋蔥和大蒜，約炒 10 分鐘，或是直到洋蔥變軟且透明為止。轉為大火，加入球芽甘藍，煎炒直到變軟且焦糖色，約 10～15 分鐘。加入稀奶油和松露，煮至沸騰；接著加入義大利麵，並依個人口味調味。鋪上豬油塊，撒上帕瑪森起司，接著用刨刀器把核桃磨細碎。立刻端上桌。

---

22 可在台灣的市場或超市買到豬油。

松露起司通心粉

truffled macaroni and cheese

製作 6 份

通心粉 300 克

牛奶 800 毫升

新鮮月桂葉 1 片

奶油 100 克

中筋麵粉 100 克（⅔杯）

現磨肉豆蔻 1 撮

海鹽和現磨黑胡椒粉

熟成切達起司 100 克，粗略磨碎

葛瑞爾起司 130 克，粗略磨碎

磨細碎的帕瑪森起司 80 克（1 杯）

磨細碎的黑松露 20 克

新鮮麵包粉 120 克（1⅔杯）

脆皮圓麵包和蔬菜沙拉，搭配使用（自由選用）

要製作一道屬害的起司通心粉，得靠品質極佳的起司：包裹在起士布（Cloth-bound）所製成的優良熟成切達起司，或是帶有深層堅果味的康提起司，抑或是義大利純正帕瑪森起司 [23]（Parmigiano-Reggiano）或格拉納帕達諾起司（Grana Padano）等高品質的帕瑪森起司。如果你想要的話，也歡迎添加煙燻培根——不過先煎炒，再拌入醬料即可。

1　將烤箱預熱至攝氏 180 度。

2　在一個大型平底深鍋中，用大火煮沸一鍋鹽水。加入通心粉，約煮 8 分鐘，或直到通心粉變嫩為止。瀝乾，並靜置於一旁。

3　在一個平底深鍋中，把牛奶與月桂葉一起加熱，溫熱即可，不要煮沸。在另一個平底深鍋中，用中大火融化奶油並冒泡。接著加入麵粉，持續攪拌 1 ～ 2 分鐘，直到麵粉不沾黏鍋身。

離火，並逐步加入溫牛奶，每加一次，攪拌一次，直到質地變得滑順且均勻。將鍋子放回中火上，攪拌直到鍋中物開始沸騰。加入肉豆蔻，依個人口味調味。加入通心粉、切達起司、葛瑞爾起司，以及一半的帕瑪森起司，攪拌直到融化且融合為止。離火，取出月桂葉，並拌入磨碎的松露。

4　將起司通心粉舀入一個 3 公升的焗烤盤中，撒上麵包粉和剩餘的帕瑪森起司。放入烤箱烤 40 分鐘，或是直到呈現金黃色為止（或者，將材料舀入較小的烤碗中，來製作個人份量，撒上麵包粉和剩餘的帕瑪森起司，烤 25 ～ 30 分鐘）。如果你喜歡的話，也可以搭配脆皮圓麵包和蔬菜沙拉。立刻端上桌。

23　Parmasan 與 Parmigiano-reggiano 雖都譯為帕瑪森起司，但兩者卻是不同種類的起司，不可混為一談。真正的帕瑪森起司（Parmigiano-reggiano），循嚴格的製作流程。而 Parmesan 起司則否。

羅馬式小麥
義式扭奇

roman-style semolina gnocchi

製作 6 份，做為前菜

牛奶 900 毫升

細黃色杜蘭小麥粉（Fine yellow
　semolina）200 克（1¼ 杯）

海鹽 2 茶匙

蛋黃 3 顆，打散

奶油 25 克

磨細碎的帕瑪森起司 120 克（1½ 杯）

切成薄片的義式培根 50 克

削成薄片的黑松露 16 克，外加裝飾用
　的份量

杜蘭小麥扭奇製作簡單，可以事先準備。它們還可以結合多種風味，例如藍起司和核桃，或是搭配慢燉手撕羊肉。這道美味又濃郁的料理也可搭配新鮮的蔬菜沙拉，做為烤牛肉或是油封鴨的配菜。

1　在一個大型平底深鍋中，用中小火加熱牛奶，直到快要沸騰為止。轉為小火，並慢慢地、穩定地加入杜蘭小麥粉，持續攪拌，直到質地變得滑順為止。接著，用木湯匙攪拌 15 分鐘，或是直到小麥粉與鍋壁完全分離。

2　離火，稍微冷卻，接著加入鹽、蛋黃、奶油和三分之二的帕瑪森起司，攪拌直到融化且均勻混合為止。將材料舀至一個乾淨的工作平台之上，接著，用濕抹刀把材料推展開來，達到一公分的厚度，並完全冷卻。

3　將烤箱預熱至攝氏 200 度。

4　使用一個直徑 6 公分的圓形切割器，把麵皮切出多個圓型，並把麵皮稍微重疊擺放在一個抹好油、20 公分寬、正方形的耐烤箱高溫焗烤盤上。把義式培根切片和松露薄片平均地擺放在圓形麵皮間。撒上剩餘的帕瑪森起司，放入烤箱烤 15 ～ 20 分鐘，或是直到呈現金黃色為止。用額外的松露裝飾後，立刻端上桌。

◇◇◇ chapter four ◇◇◇

seafood

海 鮮

回鍋松露龍蝦
舒芙蕾

twice-cooked truffled lobster soufflé

製作 8 份

奶油 60 克，外加軟化的奶油，塗抹用
中筋麵粉 50 克（⅓杯），外加抹撒用
　的份量
牛奶 350 毫升
蛋黃 2 顆
海鹽和現磨黑胡椒粉
蛋白 8 顆
削成薄片的黑松露，搭配使用（自由選
　用）

龍蝦醬

紐澳多刺岩龍蝦（Southern rock
　lobster）800 克 ×1 尾
橄欖油 1 大匙
黃洋蔥 1 顆，粗略切碎
西洋芹 2 根，粗略切碎
紅蘿蔔 1 根，粗略切碎
番茄糊 1 大匙
奶油 60 克
中筋麵粉 60 克
海鹽和現磨白胡椒粉
磨細碎的黑松露 15 克

充分運用小龍蝦來製作這道舒芙蕾，會有意想不到的效果。關鍵在於，盡可能從龍蝦各部位提取風味，包括頭部和蝦殼，而且越多越好。

1　製作龍蝦醬。將烤箱預熱至攝氏 180 度。將龍蝦沿長邊剖半，取出龍蝦肉，放入冰箱冷藏。將蝦殼放置於一個烤盤上，烤 10 分鐘，或是直到蝦殼變為橘色且易碎為止。

在此同時，在一個大型平底深鍋中，用中火加熱橄欖油，加入洋蔥並煎炒直到變軟，約 10 分鐘。加入西洋芹和紅蘿蔔，煎炒 5 分鐘，或是直到散發出香味。拌入番茄糊，煮 2 分鐘，接著加入龍蝦殼，用木湯匙粗略地壓碎。加入一公升的水，煮沸後，把爐火轉小，慢慢地燉煮一小時。以細孔篩網過濾，保留湯底。

2　在一個平底深鍋中，用中大火加熱奶油，直到冒泡，接著加入麵粉並攪拌勻勻。離火，逐步地拌入剛剛所保留的 500 毫升（2 杯）溫熱湯底——你只需一次加入少許湯底，避免結塊的情形發生。鍋子放回中火上，攪拌直到醬料煮沸。依個人口味調味。粗略地切碎備用的龍蝦肉，並與磨碎的松露一起拌入醬料中。

3　將烤箱預熱至攝氏 200 度。在一個小型平底深鍋中，用小火融化奶油，接著拌入麵粉，慢慢地煮 2～3 分鐘，或是直到材料與鍋壁完全分離為止。離火，靜置於一旁冷卻。

4　在另一個平底深鍋中，將牛奶煮沸。拌入冷卻的麵粉，直到質地變得滑順為止，接著把鍋子放回爐火上，一邊煮一邊持續攪拌，直到材料沸騰。繼續煮 3 分鐘，接著離火，拌入蛋黃。依個人口味調味，並用保鮮膜緊密地封住鍋口，將白醬靜置冷卻。

5　在八個 200 毫升的小蛋糕模具內部，抹上大量軟化的奶油，並撒上麵粉。攪拌蛋白，直到呈現濕性發泡（Soft peaks）為止，接著將三分之一的蛋白拌入冷卻的白醬中。加入剩餘的蛋白，用一把大型金屬湯匙，溫和地攪拌勻勻。依個人口味調味。

將完成的舒芙蕾材料均分至模具當中，烘烤 5～7 分鐘，直到呈現金黃色。從烤箱取出，靜置 5 分鐘。將烤箱溫度降低至攝氏 180 度。

6　將龍蝦醬舀入八個耐烤箱碗。將舒芙蕾倒進裝滿龍蝦醬的碗中，接著放回烤箱，烤 15～20 分鐘，或是直到舒芙蕾變得鬆軟，並轉為棕色為止。如果你想要的話，也可以在每份舒芙蕾上，刨上少許黑松露薄片，立刻端上桌。

紙包鯛魚
佐薑與松露

snapper 'en papillote' with ginger and truffles

製作 6 份

鯛魚片 220 克 ×6 片，去皮去骨
紅蘿蔔 2 根，去皮並切極細絲
蕪菁 350 克（約 1½ 根），去皮並切極
　細絲
大蒜 3 瓣，切薄片
切薄片的薑 1 大匙
海鹽和現磨黑胡椒粉
奶油 80 克，切成 6 塊
削成薄片的黑松露 15 克，外加裝飾用
　的份量
生抽 120 毫升
中式米酒 120 毫升
青蔥 8 根，斜切薄片

「紙包」（En papillote）是一個花俏的法國烹飪術語，指的是把料理包裹於烘焙紙中烹調。烹調魚肉時，使用這種方式極為不錯，因為手法相當溫和——基本上，是讓魚肉在自身的料理水分中蒸熟。紙包這招妙法，也能讓其他風味溫和的融入料理中。

1　將烤箱預熱至攝氏 180 度。使用一把銳利的刀子修整鯛魚片。撕下六張 40×40 公分寬的正方形烘焙紙。

2　在一個碗中混合紅蘿蔔、蕪菁、蒜和薑。在每一張烘焙紙的中央，擺上一堆蔬菜，撒上少許的鹽和胡椒。在蔬菜上，放上一片鯛魚，再放上一塊奶油和松露薄片。每份鯛魚都淋上一大匙的生抽和米酒。

3　一次處理一份紙包鯛魚。把烘焙紙的兩端在魚肉上方的中央處闔起，並向下折疊 2 公分，持續往下折疊，直到剛好折到魚的上方為止。將魚肉前後兩端剩下的烘焙紙也折起來，收在魚的下方，放置於烤盤上。重複以上步驟，完成剩下的紙包鯛魚。

4　將烤盤放入烤箱，烤 10 ～ 15 分鐘，或是直到魚肉剛好煮熟為止。最好是在快要煮熟時取出，利用殘餘的熱度來完成烹飪。

5　端上桌前，將紙包鯛魚分別放在盤子上，撕開包裝，撒上青蔥和松露薄片。

松露鮮奶油
淡菜韭蔥

mussels and leeks in truffle cream

製作 4 份

奶油 100 克

韭蔥 2 根，充分清洗並切薄片

大蒜 4 瓣，切薄片

黑殼淡菜（Black mussel）1 公斤，清
　洗乾淨並去除足絲

乾白酒 2½ 大匙，例如灰皮諾

重乳脂奶油（Double cream）2 大匙

平葉洋香菜 1 大把，粗略切碎

粗略切碎的龍蒿 2 大匙

磨細碎的黑松露 15 克

脆皮圓麵包，搭配使用

淡菜可說是永續性最高的海鮮之一，它們數量充足且生長快速。而且另一個好處是，在準備和烹飪上都相對簡單。要去除淡菜足絲，只要把露出貝殼外的細絲拔除並丟棄即可。烹調淡菜只需短短幾分鐘──當貝殼開啟就完成啦！

1　在一個大型平底深鍋中，用中大火加熱奶油直到冒泡，加入韭蔥和大蒜，煎炒直到變軟，約 2 ～ 3 分鐘。轉為大火，加入淡菜和白酒。蓋上鍋蓋並煮幾分鐘，直到所有的淡菜都開啟為止，接著用鉗子夾出淡菜，放入碗中。丟棄所有未開啟的淡菜。

2　將重乳脂奶油加入淡菜的醬汁中，煮到鍋中水分減少為原先的一半，且呈現如糖衣的濃度。將淡菜放回鍋中，加入洋香菜、龍蒿和松露，烹調加熱。立刻搭配脆皮圓麵包端上桌。

慢燉魷魚
佐松露藜麥

braised squid stuffed with truffle quinoa

製作 4 份

魷魚筒是完美裝餡料的容器 —— 只是確保不要裝太滿，才不會裂開。製作這道食譜時，可購買整隻魷魚。你可以選擇自己清理，或是請魚販幫忙。請別浪費時間購買冷凍的粗魷魚筒，一點都不值得。而且，新鮮魷魚的觸角，能為這道料理畫龍點睛。

1 在一個大型平底深鍋中，用中火加熱奶油直到冒泡。加入洋蔥和大蒜，煎炒直到變軟和透明為止，約 8 分鐘。轉為中大火，加入紅蘿蔔和茴香，時時翻炒，約 5 分鐘，或是直到蔬菜飄出香味，且稍微變軟為止。拌入藜麥，離火。依個人口味，加鹽和胡椒調味。靜置於一旁冷卻，接著拌入磨碎的黑松露。

2 將冷卻的材料舀入魷魚筒中，並用木製牙籤封起尾端。冷藏備用。

3 在一個有蓋的深平底鍋中，用中大火加熱橄欖油。加入魷魚筒，烹調、翻面，約 4～5 分鐘，或是直到呈現金黃色。從鍋中取出，並靜置於一旁。

加入切碎的觸角，煎炒直到呈現不透明狀，約 2 分鐘。將裝填好餡料的魷魚筒放回鍋中，加入湯底並燉煮。轉為小火，蓋上鍋蓋，煮到魷魚變嫩為止，約 30 分鐘。接著把魷魚、菠菜和湯搭配松露薄片和脆皮圓麵包一起端上桌。

---

24 迷你茴香意指在成熟前所採摘，味道細膩且軟嫩。

奶油 50 克

黃洋蔥 1 顆，切細碎

大蒜 3 瓣，切細碎

紅蘿蔔 1 根，去皮並切細碎

迷你茴香根 24（Baby fennel bulb）1 顆，切細碎

藜麥 190 克（1 杯），浸泡 30 分鐘，接著沖洗並充分瀝乾

海鹽和現磨黑胡椒粉

磨細碎的黑松露 15 克

中等大小的魷魚 8 隻，清洗，去除觸角並粗略切碎

橄欖油 1 大匙

魚湯底 600 毫升

嫩菠菜葉 200 克

削成薄片的黑松露，裝飾用

脆皮圓麵包，搭配使用

海鮮松露義式燉飯

seafood and truffle risotto

製作 6 份

奶油 50 克

橄欖油 2½ 大匙

黃洋蔥 1 顆，切細碎

大蒜 3 瓣，切薄片

義大利燉米 350 克（1¾ 杯，可用卡納
　羅利米〔Carnaroli〕）

黑殼淡菜 300 克，清洗乾淨並去除足
　絲

蛤蠣 300 克，在冷水中浸泡 30 分鐘吐
　沙

溫熱的魚湯底 1.2 公升

白酒 2½ 大匙

番紅花絲 1 茶匙，在 60 毫升（¼ 杯）
　的溫水中浸泡一小時

生大蝦 300 克，去皮並去腸泥

磨細碎的黑松露 18 克

海鹽和現磨黑胡椒粉

削成薄片的黑松露，搭配使用（自由選
　用）

一道好的義式燉飯，不應該太濕或太乾，充分攪拌就能釋放米飯的澱粉，創造美好的滑順質感。由於大部分的風味來自湯底，因此，值得花時間熬煮。只要在清水中燉煮魚骨、些許洋蔥、西洋芹和月桂葉，煮 30 分鐘，即可製作出一道簡單的湯底。過濾掉食材後，即可完成。

1 在一個寬又淺的平底鍋中，用小火加熱 1½ 大匙的橄欖油。加入洋蔥和大蒜，時時翻炒，約 10 分鐘，或是直到洋蔥變得極軟。加入米飯，轉為中火，持續翻炒，約 5 分鐘，或是直到米飯開始轉為透明、輕微烘烤的程度。

2 在此同時，在一個大型平底深鍋中，用大火加熱剩餘的油，加入淡菜和蛤蠣，烹調、蓋上鍋蓋，約 1 ～ 2 分鐘，或是直到淡菜及蛤蠣開啟為止。丟棄所有未開啟的淡菜和蛤蠣。離火，將水分倒入溫熱的魚湯底中，並將淡菜和蛤蠣靜置於一旁。

3 將白酒、番紅花和浸泡用的水一起加入米飯中，烹煮、持續攪拌，直到白酒幾乎完全被吸收為止。加入 250 毫升（1 杯）的湯底，攪拌直到完全吸收，接著繼續加入湯底，每次都等到完全吸收後，再加入下一批，過程中持續攪拌。

將大蝦和松露和最後一份湯底一起加入鍋中，充分攪拌，接著蓋上鍋蓋，並煮到米飯變得爽口彈牙為止，約 5 分鐘。依個人口味加入鹽和胡椒調味。

4 將義式燉飯舀入碗中，加上淡菜和蛤蠣，如果你喜歡的話，可以撒上少許的松露薄片。

香烤牛尾魚
佐松露鱗片、
炭烤菊苣和茴香

whole baked flathead with truffle
scales, grilled radicchio and fennel

製作 4 份

整尾牛尾魚（Flathead）400 克 ×2 尾
特級初榨橄欖油 100 毫升
海鹽和現磨黑胡椒粉
削成薄片的黑松露 18 克
粉質馬鈴薯 1 顆（約 250 克），例如
　　克尼伯或愛德華國王馬鈴薯
檸檬 2 顆
紫菊苣（Radicchio）2 顆
迷你茴香根 3 顆

把整條魚端上桌是一件美好的事 —— 跟魚片比起來，帶骨
烹調的魚肉往往更濕潤甘甜。我熱愛牛尾魚，而且在我居
住的地區很容易取得，不過，你也可以使用任何一種大小
合適、品質優良的魚，例如白魚（Whiting）或是紅娘魚 [25]
（Latchet），都相當適合。

1　在牛尾魚刷上橄欖油，以海鹽調味。把松露薄片稍微重疊放
在每條魚上，接著把兩條魚分別用保鮮膜包裹，冷藏備用。

2　將烤箱預熱至攝氏 200 度，並在烤盤上鋪上烘焙紙。

3　使用銳利的刀子或多功能刨絲器，把馬鈴薯和檸檬切成 2 毫
米厚的薄片。將馬鈴薯片交疊擺放在烤盤上，形成兩個 30 公分
×15 公分的長方形（長方形大小必須足以容納兩條魚）。在馬
鈴薯上淋上少許橄欖油，以鹽和胡椒調味，放入烤箱中，烘烤
30 分鐘，或是直到馬鈴薯變嫩，並呈現金黃色為止，接著放上
檸檬片，靜置於一旁。

4　在此同時，用大火加熱烤盤或 BBQ 烤盤。去除並丟棄紫菊
苣外層的葉片，把整顆切成四等分。把小茴香修剪成一公分厚
的楔形。在茴香和萵苣上刷上橄欖油，以海鹽調味。炭烤蔬菜，
直到它們剛好變嫩，並烤出明顯的燒烤線（Grill line），約 7 ～
8 分鐘。

5　從冰箱取出牛尾魚，去掉保鮮膜。把魚擺放在烤馬鈴薯和檸
檬上，接著放回烤箱中，烤 15 ～ 20 分鐘，或是直到魚剛好變
嫩為止。從烤箱中取出，搭配炭烤蔬菜、淋上剩餘的初榨橄欖
油，立刻端上桌。

25　為紅娘魚（Gurnard）的一種，英文名亦可稱為 Latchet gurnard。

松露俄羅斯烤魚派

truffled coulibiac

製作 8 份

奶油 150 克，外加 20 克搭配用的份量
黃洋蔥 1 小顆，切薄片
綜合蘑菇 400 克（鈕扣菇、板栗蘑菇、
　　香菇、松茸菇），切薄片
海鹽和現磨黑胡椒粉
長粒米（Long-grained rice）150 克（¾
　　杯）
魚湯底 250 毫升（1 杯）
乾白酒 60 毫升（¼ 杯）
品質優良的酥皮 1 公斤，若為冷凍，請
　　先解凍（或自行製作，請見第 90 頁
　　的食譜）
水煮蛋 4 顆，剝殼並粗略切碎
鮭魚片 800 克，去皮去骨
削成薄片的黑松露 20 克
檸檬汁 90 毫升（⅓ 杯）
蛋 1 顆，稍微打散

烤薄餅（Crêpes）
中筋麵粉 60 克
細砂糖 2 茶匙
鹽 ¼ 茶匙
蛋 1 顆
牛奶 175 毫升
植物油 1½ 大匙

烤派（Coulibiac）是一道源於俄羅斯且極為氣派的烤魚派，堪稱是能驚豔全席的餐點。值得花點心力尋找高級的酥皮來製作，也可以自製派皮，因為劣質的酥皮會大大減低這道料理的美味。

1　製作烤薄餅。在一個碗中，混合麵粉、糖和鹽，一邊攪拌、一邊逐步加入蛋和牛奶。靜置一小時。

在一個平底鍋中，用中火加熱一大匙的植物油，加入 60 毫升（¼杯）的麵糊，並搖晃鍋身，使麵糊覆蓋整個鍋底。煮 2 分鐘，或是直到冒泡，接著用鍋鏟將薄餅翻面，並烹調一分鐘，或直到呈現淡金色為止。將薄餅滑入一個鋪有烘焙紙的烤盤上。重複此步驟，用剩餘的油和麵糊，製作出 10 片烤薄餅，將它們用烘焙紙分隔。用包鮮膜包裹，冷藏備用。

2　在一個平底鍋中，用中火加熱 50 克的奶油，加入洋蔥並炒10 分鐘，直到變嫩。加入蘑菇，炒 5 分鐘，或是直到變嫩且所有水分都吸收為止。調味，並靜置於一旁冷卻。

3　在一個厚底平底深鍋中，用中火加熱 50 克的奶油。加入米飯，翻炒 2 分鐘。在鍋中倒入湯底和白酒，並依個人口味調味。煮至沸騰，接著把火轉小，並蓋上鍋蓋煮 20 分鐘，或是直到湯底吸收、米飯也變軟為止。依個人口味調味，靜置於一旁冷卻。

4　將一半的酥皮擀成 40 公分 ×25 公分的長方形，擺在一個鋪有烘焙紙的烤盤上，冷藏 30 分鐘。將剩下一半的麵團擀成 55公分 ×30 公分的長方形，丟棄多餘的酥皮，冷藏 30 分鐘。將烤箱預熱至攝氏 200 度。

5　將一半的烤薄餅放在較小片的酥皮上，可以稍微超出酥皮 10公分。將一半的米飯鋪在薄餅上，邊緣留 3 公分，接著再鋪上一半的蘑菇和切碎的蛋。將鮭魚片放在頂端，疊上松露薄片，然後鋪上剩餘的碎蛋和蘑菇，最後，加上剩下的米飯。使用雙手，將餡料拍成扎實的形狀。

6　融化剩餘的奶油，並與檸檬汁混合。依個人口味調味，加入餡料中。將底部的薄餅折至餡料的上方，上面蓋上剩餘的薄餅。再蓋上較大的麵皮，邊緣刷上蛋液，封好，並在酥皮上也刷上一層蛋液。烤 45 分鐘，或是直到呈現金黃色，且充分烤熟為止。融化額外的奶油，刷於酥皮外層，即可上桌。

◇◇◇ chapter five ◇◇◇

meat

肉 類

松露兔肉派

rabbit and truffle pies

製作 8 ～ 10 份

橄欖油 2½ 大匙

兔肉 1.2 公斤 ×2 隻，切成 10 塊（從
　關節處斬去前後腿，將兔鞍 [26] 分割成 6
　塊）

黃洋蔥 3 顆，切細碎

大蒜 3 瓣，切細碎

西洋芹 2 根，切細碎

紅蘿蔔 2 根，去皮切細碎

百里香 3 枝

新鮮月桂葉 2 片

蘋果酒（Apple cider）250 毫升（1 杯）

雞湯底 500 毫升（2 杯）

海鹽和現磨黑胡椒粉

冷藏奶油 30 克，切細碎

中筋麵粉 30 克

磨細碎的黑松露 20 克

派皮麵團

中筋麵粉 900 克（6 杯）

鹽 1 撮

冷藏無鹽奶油 900 克，粗略磨碎

冰水 375 毫升（1½ 杯）

蛋 1 顆，稍微打散

---

26 從肋骨尾端至後腿的肉。

兔肉（尤其是野兔肉）常被誹謗，也沒有充分獲得運用，其實，它們風味濃郁，是雞肉難以望其項背的。我建議你嘗試找野兔肉來製作這道料理，如果找不到的話，養殖的兔肉也可以。你可以請肉販幫忙斬去兔腿，但我會說，鼓起勇氣自己下手吧！

1 製作派皮麵團。將麵粉和鹽過篩至工作平台，撒上奶油，接著，使用麵團刮刀，來回切奶油和麵粉，直到大致混合為止。在麵團中央做井，加入冰水，並用麵團刮刀攪拌，直到形成麵團。把麵團均分成兩半，用保鮮膜包裹，冷藏 20 分鐘。

2 一次處理一份麵團。在撒上少許麵粉的工作平台上，將麵團擀成 1.5 公分厚的長方形。把兩個短邊往中心折起，接著再依同方向對折一次。用保鮮膜覆蓋，冷藏 20 分鐘。然後取出麵團，再次擀壓，重複折起、冷藏的步驟共兩次。兩份麵團分別以此流程處理。

3 將烤箱預熱至攝氏 150 度。

4 在一個耐火砂鍋中，用大火加熱橄欖油，加入兔肉塊，並烹調直到全部呈現棕色，接著移至一個盤子上。把火轉小，加入洋蔥和大蒜，煎炒直到呈焦糖色，約 10 分鐘。加入西洋芹、紅蘿蔔、百里香和月桂葉，煎炒直到變軟。

將兔肉放回砂鍋中，加入蘋果醋和雞湯底，並依個人口味調味。把火轉大，煮至沸騰，接著蓋上鍋蓋，把火轉小。放入烤箱中，烤一小時，或是直到骨肉分離為止。

5 取出兔肉，用兩根叉子把肉撕細碎。用大火把水煮沸。將奶油和麵粉手揉混合，接著一邊攪拌，一邊加入鍋中，烹調直到醬汁變得濃厚。繼續煮 5 分鐘。把兔肉放回砂鍋中，加入黑松露並攪拌匀匀。品嚐，調味，然後放置於一旁，直到完全冷卻。

6 將派皮擀成 3 毫米的厚度，並切出數個能剛好能容納模具的圓形。把派皮鋪在模具底度。將兔肉餡料舀進模具中，再蓋上一片派皮，修剪掉多餘的部分，把上下兩張派皮的邊緣按壓密封。冷藏至少 30 分鐘，等待醒麵。

7 將烤箱預熱至攝氏 180 度。在派皮頂端刷上一層蛋液，接著放入烤箱中烤 20 ～ 30 分鐘，或是直到呈現金黃色為止。

松露豬肉香腸
佐根芹菜
及蘋果雷莫拉德醬

truffle pork sausage with celeriac and apple rémoulade

製作 6 份

去骨肥豬肩肉 1.1 公斤，切丁
細海鹽 1 大匙
現磨黑胡椒粉 1½ 茶匙
蒜蓉 30 克（約 6 瓣大蒜）
紅酒 125 毫升（½ 杯），冷藏
磨細碎的黑松露 15 克
豬腸衣 3 公尺，浸泡冷水一整晚，洗淨
葵花或植物油，油煎用
削成薄片的黑松露，裝飾用（自由選
　用）

根芹菜及蘋果雷莫拉德醬

蛋黃 2 顆
磨細碎的黑松露 12 克
第戎芥末醬 1 大匙
蘋果醋 1 大匙
特級初榨橄欖油 180 毫升（¾ 杯）
葵花油 180 毫升（¾ 杯）
海鹽
根芹菜 2 顆（每顆約 850 克）
酸的蘋果 3 顆，去皮並粗略磨碎
平葉洋香菜 1 大把，粗略切碎
青蔥 8 根，切薄片

在製作香腸時，所有的食材和工具都必須是冷卻的：豬肉、碗、絞肉機、你的雙手，一切都要是冷的才行。這樣能使脂肪與食材保持結合，而且在烹調香腸時，餡料才不會溢出。如果你想要的話，也可以水煮香腸。要取得天然的豬腸衣，最簡單的方法就是拜託你家附近的肉販。或者，你也可以在 thecasingboutique.com 網站訂購，直送你家[27]。

1　在一個大碗中，將豬肉、鹽、蒜蓉攪拌勻勻。蓋上保鮮膜，放入冰箱冷藏，直到食材完全冷卻，至少需 2 小時。不過，也可以冷藏 24 小時。或者，將食材放入冷凍庫 30 ～ 60 分鐘，直到肉變得非常冰冷，甚至變硬，但不至於結凍為止。

2　在此同時，製作根芹菜及蘋果雷莫拉德醬。在一個碗中攪拌蛋黃、松露、芥末和醋，直到顏色泛白並起泡。緩慢又穩定地加入橄欖油，持續攪拌，直到融合，如果美乃滋變得太濃厚的話，加入少許溫水。加海鹽調味。將根芹菜去皮，並粗略地磨碎至一個碗中。擠出額外的汁液，接著把根芹菜和蘋果、洋香菜和青蔥混合，拌入美乃滋中。冷藏，直到準備端上桌再取出。

3　使用絞肉機，把豬肉材料以 3 毫米的孔板，絞入一個放置冰塊的碗。

4　使用裝有攪拌槳的電動攪拌機（或者若是手動攪拌的話，使用一根堅固的木湯匙），在低速設定下混合（或攪拌）一分鐘。加入紅酒和松露，將速度增強至中速，繼續混合（或攪拌）一分鐘，或是直到水分與材料完全融合，而且肉也出現黏性為止。

5　油煎一部分一口大小的香腸，品嚐（在此同時，將剩餘的香腸餡料冷藏，並準備好灌香腸的用具）。若有需要的話，調整調味，直到味道融合。將香腸餡料裝填入豬腸衣中，每 10 公分做一節。

6　在一個大型平底鍋中，用中火加熱油。分批油煎香腸，時時翻面，約 8 ～ 10 分鐘，或是直到香腸變棕色，且剛好全熟為止。搭配根芹菜及蘋果雷莫拉德醬，如果你想要的話，也可以用松露薄片裝飾，即可上桌。

---

27 台灣可在傳統市場購買到豬腸衣。

烤豬肩
佐榲桲、栗子
及松露餡料

roast pork shoulder with quince,
chestnut and truffle stuffing

製作 12 份

去骨豬肩肉 3.2 公斤 ×1 塊
蘋果酒 100 毫升
海鹽

榲桲、栗子及松露餡料

豬油 50 克
黃洋蔥 2 顆,切薄片
迷迭香 2 大匙,切細碎
蘋果酒 100 毫升
新鮮酸種麵包粉 250 克(約 3½ 杯)
榲桲 1 顆,去皮並粗略磨碎
榲桲果醬 80 克(¼ 杯)
去皮熟栗子 150 克
磨細碎的黑松露 20 克
海鹽

栗子是冬季的美味食材,不過在澳洲並不常見。新鮮的栗子外殼需要割線,並烤到變軟為止(在攝氏 180 度的烤箱中,烤 10 ～ 15 分鐘即可),接著剝殼。你也可以購買冷凍或罐裝栗子。如果你有幸入手乳豬肉的話,搭配這道餡料試試看吧——無與倫比的美味!當然,你可能需要根據豬肉的多寡,使用雙倍或三倍的餡料。

1　製作餡料。在一個大型平底鍋中,用中火加熱豬油,加入洋蔥並慢慢烹煮,直到變得極軟為止,約 15 分鐘。加入迷迭香和蘋果酒,烹調,直到蘋果酒濃縮為原先的一半份量。移至一個大碗中,加入麵包粉、磨碎的榲桲、果醬、栗子和松露,充分攪拌勻勻。依個人口味,加鹽調味。

2　將烤箱預熱至攝氏 220 度。

3　使用一把銳利的刀子或是史丹利割刀(Stanley knife),在豬肉上每隔 2 公分割出一條線,但別切進肉裡。

在一個注射器中裝滿蘋果酒,並盡可能均勻地注射進豬肩中。將餡料舀進豬肩中空的內部,並將豬肩肉捲起,封口。使用料理繩,每隔一段固定的間距,把豬肩肉打結綁起。將豬肉放入一個大型深烤盤中,並在豬皮上與割線的方向相交叉抹上鹽,讓割線得以吸附鹽。

4　將烤盤放入烤箱中,烤 30 分鐘,接著將烤箱溫度降低至攝氏 160 度,繼續烤 3 小時,或是直到豬肉變得十分軟嫩為止,時不時用烤盤中的肉汁淋在豬肉上滋潤。將豬肩切成厚片,搭配餡料和烤盤中的肉汁,即可上桌。

牛奶燉羊肩
佐烤歐防風
與瑞典蕪菁

milk braised lamb shoulder with roast
parsnip and swede

製作 6 份

植物油 2 大匙

羊肩肉 1.9 公斤 ×1 塊，去骨，捲起並
　綁起

牛奶 750 毫升（3 杯）

稀奶油 250 毫升（1 杯）

鯷魚片 4 片

大蒜 6 瓣

1 顆檸檬的果皮，剝成細條狀

迷迭香 2 枝

海鹽和現磨黑胡椒粉

磨細碎的黑松露 15 克

削成薄片的黑松露，裝飾用（自由選
　用）

烤歐防風和蕪菁

歐防風 1.1 公斤（約 4 顆），去皮並切
　成 5 公分大小的片狀

瑞典蕪菁 620 克（約 1 顆），去皮並
　切成 5 公分大小的片狀

植物油 1 大匙

海鹽

平葉洋香菜 1 大把

牛奶燉羊肉是一道古老的羅馬料理，乍聽之下可能有點不尋常，但相信我，吃下第一口後，你馬上就被圈粉。牛奶會濃縮成焦糖凝乳狀，並帶有瑞可達起司的質感。加入松露又會怎麼樣呢？當然是驚為天人！如果你想要的話，也可以使用小牛肉或豬肉來取代羊肉。

1　在一個大型的防火砂鍋中，用大火加熱植物油，加入羊肩肉並烹調，時時翻面，直到全面變成棕色為止。加入牛奶、奶油、鯷魚、大蒜、檸檬皮和迷迭香，煮至沸騰。

把火轉小，蓋上鍋蓋，烹調 3 小時，或是直到肉變得十分軟嫩為止。牛奶和奶油會濃縮形成輕盈、類似瑞可達起司的凝乳狀。依個人口味加入鹽、胡椒和松露調味。

2　在此同時，準備烤歐防風和瑞典蕪菁。將烤箱預熱至攝氏 180 度。將蔬菜放入一個大的烤盤中，淋上植物油，並以鹽調味。溫和地攪拌勻勻。放入烤箱中，烤 40 ～ 60 分鐘，或是直到蔬菜呈現金黃色，且使用竹籤插入時，內部軟嫩。加入洋香菜，攪拌勻勻。

3　準備端上桌前，將羊肉從羊骨一塊塊撕下，並均分至各盤中。使用漏勺，將軟凝乳舀出至羊肉上，接著搭配烤歐防風和瑞典蕪菁端上桌。跟往常一樣，如果你喜歡的話，可以使用額外的松露薄片裝飾。

雞肝松露百匯
佐黑醋栗果凍

chicken liver truffle parfait with
blackcurrant jelly

製作 12 份

稀奶油 2 杯（500 毫升）

奶油 200 克

鴨油 200 克

雞肝 500 克，修除肌腱和脂肪

蛋黃 6 顆

白蘭地 2½ 大匙

磨細碎的黑松露 28 克

細海鹽 1 大匙

現磨黑胡椒粉 ¾ 茶匙

吐司或餅乾，搭配使用

黑醋栗果凍

冷凍黑醋栗 350 克

白砂糖 75 克（⅓杯）

鈦級吉利丁片 [28]（Titanium strength
 gelatine leaves）2 片，浸泡於冷水
 中

---

28 吉利丁片會依「凝結力」，而分成不同等級。
等級越高，表示其萃取的品質越好，其透明度高，
腥味也較低。台灣市售的吉利丁片會分成金級、
銀級等不同等級。

這道絲滑的雞肝醬製作起來相當簡單，而且看起來讓人驚
豔，如果裝於罐中的話，也非常適合當做禮物送人。當然，
你不一定需要製作菜餚上方的果凍，但它會是不錯的裝飾，
不論在視覺還是味覺上都是如此。你也可以改用別種水果
來製作果凍，例如楓梓或柳橙。僅管食譜中有明確指示特
定的溫度，但如果你沒有溫度計的話，也可以用肉眼辨識
凸面即可——製作越多次，就越熟能生巧。

1 將烤箱預熱至攝氏 165 度。

2 將稀奶油加熱煮沸，並保持熱度。用食物處理機把奶油和雞
油攪打成泥狀，接著，在食物處理機還在運作的狀態下，一次
加入 1～2 塊雞肝，接著一次加入一顆蛋黃，時不時停下來，
用刮刀刮攪拌碗的內側。機器保持運作狀態，漸進式地倒入熱
稀奶油，小心別噴濺、燙傷自己了。

3 將攪拌完的材料過濾進一個大碗中。加入白蘭地、松露、鹽
和胡椒，充分攪拌勻勻，使鹽溶解。將材料倒入一個 1.25 公升
的模具中，接著放在一個深烤盤上。將烤盤放入烤箱，並在烤
盤中倒入剛好比模具中材料水平面稍微高出一些的滾水。

4 用鋁箔紙覆蓋烤盤，烤 45～60 分鐘，直到百匯的內部溫度
達到攝氏 72～75 度。如果家中有料理溫度計的話，可以用檢
測內部溫度，或者你也可以檢視材料的頂端，應該會呈現凸面，
但不帶任何裂痕。從烤箱中取出模具，並靜置冷卻，接著再放
入冰箱，等待完全冷卻。

5 製作黑醋栗果凍。在一個平底深鍋中，混合黑醋栗、糖和
250 毫升（1 杯）的水。用中火加熱，直到食材沸騰，接著煮 3～
4 分鐘。離火，並使用細篩網過濾至一個量杯中，直到得出 400
毫升的液體為止。靜置一旁，冷卻至室溫。

從浸泡的水中取出吉利丁片，擠掉多餘的水分。將吉利丁加入
黑醋栗材料中，並攪拌溶解，接著再倒在冰百匯上，冷藏至凝
固。搭配少許吐司或餅乾端上桌。百匯於冰箱中冷藏，可以保
存長達 2 週。

烤肋眼牛排
佐紅蘿蔔泥
及松露奶油

grilled beef scotch with carrot purée
and truffle butter

製作 6 份

一塊簡單的烤牛排，再搭配一塊從牛排上融化所滴下的松露奶油——簡直是無上的享受。我特別偏愛肋眼牛排，因為我認為它有最好的風味和鮮嫩度，不過，其他牛排部位也差不到哪去。你也可以試試臀肉或是橫膈膜中心肉、側腹橫肌或是板腱肉。

1　在一個平底深鍋中，用中大火加熱奶油，煎炒洋蔥，直到變得十分軟嫩，約 10 分鐘。將紅蘿蔔與 100 毫升的鹽水一起加入鍋中，蓋上鍋蓋，煮 20 分鐘，或是直到變嫩為止。接著放入攪拌機，攪打直到形成滑順的泥狀為止。依個人口味調味。

2　用大火加熱一個烤鍋或是 BBQ 烤盤。在牛排上刷上橄欖油，並加鹽調味。放上烤鍋或烤盤上，轉為中大火，不時翻面牛排，約 8 分鐘，直到達到三分熟。將牛排移至一個溫熱的盤子上，稍微覆蓋，在一旁靜置幾分鐘。

3　在此同時，把剩餘的油抹在青蔥上，放在烤鍋或烤盤上。烹調並不時翻面，直到出現炭烤的紋路。

4　端上桌前，在每個盤上加上滿滿一匙的紅蘿蔔泥，搭配烤青蔥和牛排，淋上滿滿一匙的松露奶油。

奶油 60 克
黃洋蔥 1 顆，切薄片
紅蘿蔔 800 克（約 6 根），去皮並粗
　略切碎
海鹽和現磨黑胡椒粉
肋眼牛排 200 克 × 6 塊
橄欖油 80 毫升（⅓ 杯）
青蔥 18 根
松露奶油（請見第 38 頁），搭配使用

碎胸腺
佐松露美乃滋

crumbed sweetbreads with truffle
mayonnaise

製作 4 份

羊胸腺 500 克（約 8 份）
中筋麵粉 150 克（1 杯）
蛋 4 顆，稍微打散
新鮮麵包粉 140 克（2 杯）
植物油，油炸用
海鹽
結球萵苣 1 顆，切成楔型
削成薄片的黑松露，裝飾用

松露美乃滋
蛋黃 2 顆
第戎芥末醬 1 大匙
白酒醋 2½ 大匙
植物油 350 毫升
磨細碎的黑松露 10 克
海鹽和現磨黑胡椒粉

通常，胸腺不在大部分人的「想吃」清單上，所以難以取得，也因此你可能需要事先洽詢肉舖。不過，胸腺絕對值得一試。在質地上，鮮脆的麵包粉，與柔軟的胸腺達成美好的對比。我個人認為，這就是胸腺最佳的食用方式。

1　製作松露美乃滋。將蛋黃、芥末和醋一起攪拌，直到顏色泛白並起泡。持續接著攪拌，同時慢慢地淋上植物油，直到混合均勻為止。拌入黑松露，並依個人口味，加入鹽和胡椒調味。將完成的美乃滋冷藏備用——裝在密封容器裡冷藏的話，可保存長達 2 週。

2　修除胸腺上的筋膜，接著輕輕撒上麵粉，浸入蛋液中，最後再裹上麵包粉。在油炸鍋或大型平底深鍋中，加熱植物油至攝氏 180 度。將裹著麵包粉的胸腺分批加入鍋中，小心不要讓鍋內變得太擁擠，油炸 5 ～ 6 分鐘，直到變成金黃色為止。使用漏勺取出，並在餐巾紙上瀝乾。分批烹調剩下的胸腺，並加鹽調味。

3　在胸腺上加一球美乃滋，搭配楔形結球萵苣，上桌後撒上松露薄片，完成。

鹽醃牛肉
佐扁豆
及松露牛肉肉汁

corned beef with lentils and truffle jus

製作 6 份

鹽醃牛肉 1.4 公斤 ×1 塊

橄欖油 2 大匙

黃洋蔥 1 顆，切細碎

大蒜 6 瓣，去皮

紅蘿蔔 2 根，去皮並切細碎

西洋芹 2 根，切細碎

綠色小扁豆 220 克（1 杯）

百里香 1 枝

新鮮月桂葉 2 片

松露牛肉肉汁

牛骨 2 公斤

牛肉湯底 1 公升

紅酒 300 毫升

細砂糖 1 大匙

海鹽和現磨黑胡椒粉

削成薄片的黑松露 10 克

製作濃郁的牛肉肉汁需要花上數小時，還得再花上數小時來收汁。我建議你抄捷徑：在湯底中，加入牛骨來強化風味，但即便如此，製作肉汁還是一場馬拉松。不過，最後獎賞便是深層的鮮味，而且與松露自帶的神奇味道，可說是完美的絕配。牛骨很容易從肉舖取得——他們總是備有豐富的牛骨。你可以事先聯絡，確保他們能幫你預留一些。

1 製作松露牛肉肉汁。將烤箱預熱至攝氏 220 度。把牛骨均勻分散在烤盤上，烤到充分轉變為棕色，約 30～40 分鐘。將牛骨移至一個大型平底深鍋中，倒入牛肉湯底，用大火煮沸。接著把火轉小，慢慢燉煮，直到水分濃縮成原先的三分之二為止。

在另一個平底深鍋中，燉煮紅酒，直到紅酒濃縮成 1½ 大匙，並呈現如糖漿質地。將濃縮的湯底和紅酒混合，並依個人口味調味。拌入黑松露，燉煮 5 分鐘。

2 在此同時，將鹽醃牛肉入放入一個大型平底深鍋中，倒上足夠的水，用大火煮沸。把火轉小，燉煮 1.5 小時。

3 在牛肉烹煮的同時，在一個寬且深的平底鍋中，用中火加熱橄欖油，加入洋蔥、大蒜、紅蘿蔔和西洋芹，煎炒，直到蔬菜變軟。拌入扁豆、百里香和月桂葉。加入 500 毫升（2 杯）的清水至鍋中，加熱煮沸，接著蓋上鍋蓋，並用小火煮 30 分鐘，或是直到扁豆剛好變嫩為止。

4 將鹽醃牛肉厚片搭配扁豆，淋上少許松露牛肉肉汁，即可上桌。

燉雞肉、蔬菜
和松露佐香草湯餃

chicken, vegetable and truffle braise
with herb dumplings

製作 6 份

橄欖油 100 毫升

軟化的奶油 75 克

有機全雞 1.6 公斤 × 1 隻，切成 8 塊

黃洋蔥 3 顆，粗略切碎

大蒜 3 瓣，切薄片

西洋芹 3 根，切成 3 公分大小的塊狀

歐防風 3 顆，去皮並粗略切碎

菊芋 100 克，粗略切碎

紅蘿蔔 5 根，去皮並粗略切碎

切碎的百里香 1 大匙

切碎的馬鬱蘭[29]（Marjoram）1 大匙

新鮮的月桂葉 2 片

雞湯底 800 毫升

海鹽和現磨黑胡椒粉

中筋麵粉 50 克（⅓ 杯）

黑葉甘藍 100 克，粗略切碎

磨細碎的黑松露 15 克

削成薄片的黑松露，裝飾用

餃子

中筋麵粉 225 克（1½ 杯）

泡打粉 1 茶匙

細海鹽 ½ 茶匙

切碎的百里香 1 大匙

切碎的馬鬱蘭 1 大匙

融化的奶油 1 大匙

蛋 1 顆，稍微打散

牛奶 100 毫升

這道一鍋到底的料理出奇暖心，結合所有的肉類和蔬菜食材在一鍋中。大家往往忽略美味可口的餃子，但卻能完美地完食這道料理，而且也能捨去馬鈴薯、麵包或是米飯的澱粉類食物。

1 在一個大型的防火砂鍋中，用大火加熱橄欖油和 50 克的奶油，加入雞肉塊，煎炒，直到變成棕色。從鍋中取出，置於一旁。加入洋蔥和大蒜，轉為中火，慢慢地煎炒約 8 分鐘，或是直到變軟。加入西洋芹、歐防風、菊芋、紅蘿蔔和香草，並煎炒直到飄出香氣，約 5 分鐘。

將雞肉塊放回鍋中，接著加入雞肉湯底，加熱至沸騰。以鹽和胡椒調味，接著蓋上鍋蓋，轉為小火。烹調雞肉 1 ～ 1.5 小時，或是直到變嫩，且骨肉分離為止。

2 打開鍋蓋，將些許湯底舀入一個小型平底深鍋中，用中大火加熱至沸騰。在一個小碗中，把麵粉和剩餘的奶油揉在一起，接著拌入湯中，烹調直到質地變得濃厚。倒入砂鍋中，拌勻。

3 製作餃子。在一個碗中，融合所有乾燥食材和香草。加入奶油、蛋和牛奶，接著拌入麵團，並捏揉直到質地變得滑順為止。

4 將黑葉甘藍和黑松露拌入燉雞中，接著放入一大匙一大匙的餃子。蓋上鍋蓋，用中大火烹調 15 分鐘，或是直到餃子煮熟為止。可依需求調味，加上些許松露薄片，即可上桌。

---

29 又可稱墨角蘭。

庫克太太
松露三明治
truffle croque madame

製作 4 份

這道經典的三明治加入松露後，變得更出色了。通常，這
道三明治會做為午餐或是零食，不過如果你能事先規劃，
我會建議你提前一、兩天，將松露風味注入蛋中。

1　製作松露貝夏梅醬。在一個碗中，把奶油和麵粉揉在一起。
在一個平底深鍋中，將牛奶加熱至接近沸點，拌入麵糊，攪拌
勻勻直到質地變得滑順。用中火攪拌麵糊 5 分鐘，直到散發麵
粉香。接著離火，拌入帕瑪森起司和松露，直到融化且質地變
得滑順為止。依個人口味，加入鹽和胡椒調味，接著靜置一旁
冷卻。

2　用中火加熱一個平底鍋。麵包抹上奶油，接著把一半的麵包
片放入鍋中，抹有奶油的那一面朝下。麵包上放上火腿和葛瑞
爾起司，接著再疊上剩下的麵包，並把抹有奶油的那一面朝上。

用另一個厚底的平底鍋從上方加壓三明治，約 2 ～ 3 分鐘，或
是直到麵包底部變為金黃色。移開厚底平底鍋，把三明治翻面，
再用厚底平底鍋加壓，繼續烹調 3 ～ 4 分鐘，或是直到底部變
為金黃色。

3　先用高溫預熱烤盤，接著把三明治移至烤盤上。在每一份三
明治的最上層塗抹厚厚一層松露貝夏梅醬，接著放進烤箱，烤
5 分鐘，或是直到變成金黃色為止。

4　在此同時，在一個平底鍋中，用中火加熱少許橄欖油。在鍋
中打一顆蛋，蓋上鍋蓋，煎至蛋黃剛好變不透明，但質地仍柔
軟為止。使用鍋鏟，小心地在每一份三明治的頂端擺上一份煎
蛋，再以松露薄片裝飾，立刻端上桌。

軟化的奶油，塗抹用
酸種麵包 8 片
厚切火腿 100 克
葛瑞爾起司 400 克，切片
橄欖油，油煎用
蛋 4 顆
削成薄片的黑松露，裝飾用

松露貝夏梅醬
奶油 60 克
中筋麵粉 60 克
牛奶 500 毫升（2 杯）
磨細碎的帕瑪森起司 50 克（⅔杯）
磨細碎的黑松露 12 克
海鹽和現磨黑胡椒粉

寡婦雞

chicken in mourning

製作 6 份

有機全雞 1.8 公斤 × 1 隻，洗淨並拍
　乾
黑松露 30 克，削成薄片，外加製作醬
　料的份量
軟化奶油 50 克
海鹽和現磨黑胡椒粉

迷迭香餡料

奶油 30 克
義式培根 50 克，切細碎
洋蔥 1 顆，切細碎
大蒜 2 瓣，切成薄片
紅蘿蔔 1 根，切細碎
西洋芹 1 根，切薄片
白蘭地 1 大匙
切碎的迷迭香 1 大匙
新鮮麵包粉 ½ 杯（35 克）
海鹽和現磨黑胡椒粉
磨細碎的黑松露 12 克

法國人所稱的寡婦雞（Poulet en demi-deuil），是松露季節
的一道經典料理——這絕對會是你想為摯愛所烹調的料理。
它字面名稱為「哀悼中的雞」，黑松露形似黑色面紗。如
果你時間充裕的話，可以提前一、兩天，將松露鋪放在雞
的上方，靜待美好的風味滲入雞肉中。我們有時也會使用
雉雞來製作，搭配黑皮諾葡萄酒，會很美味。

1　製作迷迭香餡料。在一個平底鍋中，用中火加熱奶油直到冒
泡，加入義式培根並煎炒，直到培根開始上色。加入洋蔥和大
蒜，轉為小火，煎炒至洋蔥焦糖化，約 10 分鐘。加入紅蘿蔔和
西芹，煎炒直到變軟，接著轉為大火，加入白蘭地以噴火。拌
入迷迭香和麵包粉，依個人口味調味，再拌入松露。靜待冷卻，
接著填塞進雞肉中。

2　將烤箱預熱至攝氏 200 度。

3　輕輕地用手指在雞皮和雞胸肉之間，塑造出一個口袋的形
狀，接著在雞胸肉上塞入一層松露薄片，稍微重疊。如果想要
的話，你也可以綑綁全雞。接著，抹上軟化奶油並以鹽和胡椒
調味。將雞放在一個烤盤上，烤 45 ～ 50 分鐘，或是直到轉為
金黃色，用竹籤插入雞腿時，流出清澈的肉汁為止。

4　從烤盤中取出雞肉，覆蓋並靜置於一旁。使用一把大湯匙，
撈出烤盤中的油脂並丟棄。將些許黑松露削成薄片加入肉汁中，
再用小火攪拌勻勻。將雞肉切塊，並連同餡料，均分至六個盤
上。舀上肉汁，立刻端上桌。

松露
小牛豬肝網紗卷
truffled veal and liver crépinettes

製作 6 份

奶油 60 克
橄欖油 60 毫升（¼ 杯）
黃洋蔥 1 顆，切細碎
培根或義大利煙燻火腿（Speck），切
　　細丁
海鹽和現磨黑胡椒粉
豬腎 1 顆，洗淨並切成 1 公分大小的塊
　　狀
碎小牛肉 500 克
豬肝 200 克，洗淨並切成 5 毫米大小
　　的塊狀
磨細碎的黑松露 15 克
百里香 1 大匙，切細碎
迷迭香 1 大匙，切細碎
磨細碎的檸檬皮 1 顆
松露薄片 12 片
豬網紗（Caul）200 克，切成 10 公分
　　寬的正方形（共需要 12 件正方形網
　　紗）

燉小蔔萵苣
奶油 50 克
小蘿蔓萵苣 6 顆，去除外層葉片
雞湯底 150 毫升
紅酒醋 2 茶匙
海鹽和現磨黑胡椒粉

法式網紗捲（Crépinette）是一道將綜合香腸餡料綑綁在豬網紗內部的料理。網紗是指環繞在某些動物內臟周圍的網狀脂肪。只要事先詢問，都可從大部分的肉舖取得，而多餘的網紗可冷凍保存，來日再使用。跟灌香腸相比，這道裹肉腸餡則簡單許多。

1　在一個平底鍋中，用小火加熱奶油和一大匙的橄欖油，加入洋蔥和培根（或義大利煙燻火腿），煮 10 分鐘，或是直到洋蔥變得極軟且焦糖化為止。依個人口味，以鹽和胡椒調味，放涼至室溫。

2　在另一個平底鍋中，用中火加熱一大匙的橄欖油，加入豬腎並煎炒直到轉為棕色，約 1 ～ 2 分鐘。從鍋中取出，靜置並放涼至室溫。

3　將洋蔥和培根材料、豬腎、切碎的小牛肉、豬肝、松露、香草和檸檬皮放入一個大碗中，依個人口味，加鹽和胡椒調味，並用雙手混合材料，直到充分融合為止。將材料均分成 12 等分，並捏成球狀。在每顆肉球上，放上一片松露薄片，接著用方形網紗包裹每一顆肉球。移至一個盤子上，蓋上保鮮膜，冷藏至少一小時。

4　將烤箱預熱至攝氏 160 度。

5　在一個平底鍋中，用中火加熱剩餘的橄欖油，加入小牛網紗捲，每一面分別煎 3 分鐘，或是直到變棕色。移至一個烤盤上，烤 15 分鐘，或是直到烤熟為止。

6　在此同時，製作燉小萵苣。在一個深平底鍋中，用小火加熱奶油，加入萵苣並烹調一分鐘，直到萵苣縮小。加入雞湯並燉煮 3 分鐘，或是直到水分縮減且變濃厚為止。依個人口味，使用醋、鹽和胡椒調味。搭配小牛網紗肉捲端上桌。

vegetables

蔬 菜

馬鈴薯
松露奶油餡可樂餅

potato croquettes stuffed with truffle
butter

製作 12 份

粉質馬鈴薯 600 克，用力擦洗
蛋 4 顆
海鹽和現磨黑胡椒粉
中筋麵粉 1 大匙（自由選用）
軟化奶油 75 克
大蒜 3 瓣，磨細碎
磨細碎的黑松露 8 克
中筋麵粉 150 克（1 杯）
現磨麵包粉 210 克（3 杯）
植物油，油炸用
綜合菊苣，例如紅菊苣或是綠捲鬚菊苣
　　（Frisée），搭配使用

這些可樂餅內含令人驚喜的爆漿松露奶油，同時還能做為沙拉的淋醬。菊苣在冬季時，是最完美的沙拉葉，因為它們的苦味能幫助你消化風味較濃郁的食物。僅管這些可樂餅可自成一道料理，但做為燒烤肉類的配菜，也相當不錯。

1　將馬鈴薯放入一個大型平底深鍋中，倒入能充分覆蓋馬鈴薯的冷水。用中大火煮沸，接著轉為中火，煮 15 ～ 20 分鐘，或是直到馬鈴薯變嫩為止。瀝乾並放涼 5 分鐘，接著剝皮，並使用搗碎器壓製成泥。加入一顆稍微打過的蛋，攪拌勻勻，接著加入鹽和胡椒調味。如果材料太過於濕潤，便難以成型，可加入至多一匙的麵粉，直到質地能夠塑型為止。

2　在此同時，使用叉子在碗中壓碎奶油、大蒜和松露，直到完全混合為止。包上保鮮膜並冷藏。

3　將馬鈴薯材料均分成 12 等分。一份馬鈴薯包裹一茶匙的松露奶油，揉成一顆無縫的球狀。靜置於一旁，剩下的馬鈴薯和奶油皆重複同樣步驟。

4　在一個碗中，把剩餘的蛋和少許的水攪拌勻勻。在另一個碗中，將少許的鹽和胡椒混合調味。將麵包粉放入第三個碗中。將馬鈴薯可樂餅抹上麵粉，抖掉多餘的麵粉，接著蘸蛋液，再裹上大量的麵包粉。

5　在一個油炸鍋或大型平底深鍋中，加熱橄欖油至攝氏180度。分批加入可樂餅並油炸，不時翻面，約 2 ～ 3 分鐘，或是直到炸為金黃色為止（小心熱油噴濺）。使用漏勺取出，在餐巾紙上瀝乾，搭配菊苣葉，趁熱端上桌。

甘藍
和根莖類沙拉
佐松露沙拉醬

cabbage and root vegetable salad with
truffle salad cream

製作 8 份

白色甘藍 1 小顆，切四半並切細絲
紅蘿蔔 2 大顆，去皮並切薄片
白蘿蔔 1 根，剝皮並切細絲
小圓蘿蔔 [30]（Radish）5 顆，削薄片
蕪菁甘藍 2 顆，去皮並切細絲
球芽甘藍 500 克，修剪
磨細碎的黑松露，搭配使用

松露沙拉醬
蘋果醋 2 大匙
第戎芥末醬 2 茶匙
紅糖 1 撮
特級初榨橄欖油 125 毫升（½ 杯）
稀奶油 1 大匙
磨細碎的黑松露 10 克
海鹽和現磨黑胡椒粉

這款沙拉醬其實就是加了少許鮮奶油的油醋醬，有助於平衡風味。這一道松露沙拉醬每到松露季節，便大受歡迎，而且適用於各種沙拉，從扁豆、穀類為基底的料理，再到以烤蔬菜和簡單的楔形萵苣塊，都非常搭。

1 將甘藍、紅蘿蔔、白蘿蔔和蕪菁放入一個碗中。

2 在一個平底深鍋中，用大火把加了少許鹽的一鍋水煮沸，加入球芽甘藍，汆燙 1 ～ 2 分鐘。立刻瀝乾，並在冷水下沖洗，直到球芽甘藍變涼。加入裝有其他蔬菜的碗中。

3 製作松露沙拉醬。將醋、芥末和紅糖攪拌勻勻，接著緩慢地倒入橄欖油，持續攪拌，直到完全混合。攪入稀奶油和松露，依個人口味，加入鹽和胡椒調味。

4 將沙拉醬淋在蔬菜上，拌勻，直到蔬菜都完全蘸到醬汁。搭配松露薄片裝飾，即可上桌。

---

30 國外對蘿蔔的分類較細，小圓蘿蔔意指小小的、圓圓的蘿蔔。

水煮韭蔥
及芹菜芯
佐松露荷蘭醬

poached leeks and celery hearts with
truffle hollandaise

製作 4 份，做為配菜

橄欖油 1 大匙
韭蔥 3 根，清洗乾淨，沿長邊切半，接
　著縱切成三等分
大蒜 8 瓣，去皮
迷迭香 2 枝
雞湯或蔬菜湯底 1 公升
茴香根 1 顆，修整並沿長邊切薄片
芹菜芯（Celery heart）2 束，保留葉
　片，底部沿長邊削成薄片
鯷魚片 6 片
黑松露 20 克
特級初榨橄欖油，搭配使用

松露荷蘭醬
白酒醋 75 毫升
白酒 75 毫升
金黃蔥頭 2 顆，去皮並切薄片
黑胡椒粒 10 顆
蛋黃 3 顆
澄清奶油（Clarified butter）200 毫升
海鹽和現磨黑胡椒粉
磨細碎的黑松露 12 克

我們大部分人家中的冰箱抽屜裡，都躺著一兩束沒用完的芹菜芯。外層的芹菜莖使用完後，菜芯就被孤獨地遺忘了。這些顏色較淡的內部菜芯，往往風味較甜也較溫和，這是因為外部的芹菜莖阻擋了太陽直射。我個人認為，菜芯才是芹菜最棒的部位。把它削成薄片，加入沙拉中——別忘了使用內部顏色較淡的葉片。

1　在一個寬且淺的厚底平底深鍋中，用中大火加熱橄欖油。加入韭蔥，切面朝下，煎炒直到呈現金黃色。加入大蒜和迷迭香，加入湯底，並加熱燉煮，接著在韭蔥上覆蓋烘焙紙，用一個盤子加壓。轉為小火，慢慢地烹煮直到韭蔥變嫩為止，約 30 分鐘。

2　在此同時，製作松露荷蘭醬。在一個平底深鍋中，混合醋、白酒、蔥頭和胡椒粒。用中火燉煮，直到水分濃縮為原先一半的份量，接著過濾到一個耐熱碗中。將碗置於一鍋慢火燉煮的水中，拌入蛋黃，直到顏色泛白並起泡，且蛋液從攪拌棒流下時，質地濃厚且能成絲帶狀為止。離火，在攪拌的同時，緩慢地加入澄清奶油。以鹽和胡椒調味，並拌入松露。

3　在一個盤子抹上荷蘭醬，放上水煮韭蔥和大蒜，隨後加入茴香、芹菜、芹菜葉和鯷魚。刨上松露薄片，淋上初榨橄欖油後，即可上桌。

甜菜根沙拉
佐松露
瑪斯卡邦起司
及豉豆脆片

beetroot salad with truffle mascarpone
and soy-roasted crisp bits

製作 6 份，做為前菜或配菜

紅甜菜根或黃甜菜根 900 克（約 4 顆）
特級初榨橄欖油 2½ 大匙，外加搭配用
　的份量
海鹽和現磨黑胡椒粉
磨細碎的黑松露 12 克
削成薄片的黑松露，裝飾用

新鮮瑪斯卡邦起司

稀奶油 1 公升
現榨檸檬汁 2½ 大匙

豉豆脆片

南瓜籽 40 克（¼ 杯）
芝麻 2 大匙
杏仁條 50 克
中筋麵粉 1 大匙
生抽 1 大匙
蜂蜜 2 茶匙

自製瑪斯卡邦起司比你想像中的還要簡單——它其實就是酸奶油的一種。製作這道食譜需要使用料理溫度計，不過它們相對便宜且容易買到，接下來你可以在各種廚房任務中，使用到它，包括製作完美的英式蛋奶醬。製作這道沙拉時，需要提前兩天作業。如果沒時間製作瑪斯卡邦起司的話，你也可以把松露拌入市售現成的瑪斯卡邦起司中。

1 製作瑪斯卡邦起司。用中大火加熱稀奶油，直到溫度達到攝氏 88 度。拌入檸檬汁，接著離火，繼續攪拌 5 分鐘。靜置於一旁冷卻後，隔夜冷藏，等待乳脂凝固。

將乳脂舀入一個鋪有紗布的濾網，並放在碗上，上方覆蓋一張乾淨的茶巾（Tea towel）。放進冰箱冷藏，靜待瀝乾多餘的水分。舀入一個密封的容器中，冷藏備用。這道瑪斯卡邦起司可冷藏保存長達 2 週。

2 將烤箱預熱至攝氏 180 度。

3 將每顆甜菜根淋上少許橄欖油和一撮鹽，並用鋁箔紙包裹，放入烤盤中，烤 1～1.5 小時，或是用竹籤插入時，甜菜根內部變嫩為止。從烤箱中取出，保留在鋁箔紙內，放涼幾分鐘。

4 製作豉豆脆片。在一個烤盤上鋪上烘焙紙。在一個碗中，混合均勻所有食材，接著分散擺放在準備好的烤盤上，烤至呈現金黃色為止，約 10 分鐘。從烤箱中取出，靜置冷卻。脆片可在密封容器中，保存長達 3 天。

5 將甜菜根從鋁箔紙中取出，用手搓揉，以脫除外皮。混合 220 克的瑪斯卡邦起司與磨碎的松露，依個人口味，加入鹽和胡椒調味。將瑪斯卡邦起司均勻地抹在盤子上。將甜菜根切成小塊，擺放在盤子上。淋上額外的橄欖油，撒上豉豆脆片和松露薄片，即可上桌。

馬鈴薯脆片
佐松露鹽

potato crisps with truffle salt

製作 4 份，做為配菜

沙發零嘴全面升級——而且還是頂級零食！你也可以嘗試用其他根菜來製作，例如紅蘿蔔、歐防風或甜菜根。當然別浪費額外的松露鹽，你可以保留起來，撒在本書的其他料理上。

1　製作松露鹽。在研缽中混合鹽和松露，用研杵研磨至細碎的質地（或是用食物處理機或香料研磨機來研磨）。存放於罐中，冷藏保存長達 2 週。

2　將馬鈴薯削皮，接著使用曼陀鈴切片器，將馬鈴薯切成 1～2 毫米厚的切片。將植物油倒入一個厚底的寬平底深鍋中，加熱至攝氏 160 度。一次將 5～6 片馬鈴薯加入熱油中，不斷攪拌，直到薯片轉變為金黃色為止，約 3～4 分鐘。使用漏勺取出，並在一個鋪有紙巾的烤盤上瀝乾。重複上述步驟，完成製作剩下的馬鈴薯片。加上松露鹽調味，立刻端上桌。

粉質馬鈴薯 700 克（約 4 份），例如
　愛德華國王或錫貝戈（Sebago）馬
　鈴薯
植物油，油炸用

松露鹽
粗海鹽 2 大匙
磨細碎的黑松露 10 克

松露馬鈴薯泥
truffle mash

製作 8 份，做為配菜

粉質馬鈴薯 1 公斤，例如愛德華國王或
　是錫貝戈馬鈴薯
海鹽
稀奶油 125 毫升（½ 杯）
磨細碎的黑松露 18 克
無鹽奶油 250 克，粗略切碎

馬鈴薯最愛兩種東西：脂肪和鹽。巧合的是，松露也是如此。所以這道食譜可說是天作之合。我認為，一小口濃郁非凡的滋味，遠勝過滿滿一大碗的平庸無味。因此，放膽在馬鈴薯泥中，加入奶油和鮮奶油吧。別偷懶使用食物處理機，才不會把馬鈴薯泥打得太糊，導致澱粉黏性增加。反倒是投資一個馬鈴薯搗碎器，你家附近的廚具用品店就能買到。

1　將馬鈴薯放入一個大型平底深鍋中，加入冰水，直到蓋過馬鈴薯。加入一撮鹽，大火煮沸。一旦煮沸，轉為中火，煮 20 分鐘，或是直到馬鈴薯變嫩，且能以竹籤輕易插入為止。瀝乾，靜置 5 分鐘，靜待蒸氣散出。使用削皮刀，將馬鈴薯削皮，並使用搗碎器壓泥。

2　在此同時，在一個足以容納所有馬鈴薯的平底深鍋中，混合稀奶油和松露，用中大火加熱，直到稀奶油變溫熱（但不要煮沸）。加入馬鈴薯，攪拌勻勻。轉為小火，一次加入一塊奶油，持續攪拌，直到完全融合後，再加入下一塊。依個人口味加鹽調味，並端上桌。

松露手風琴馬鈴薯 佐義式培根及大蒜

truffled hasselback potatoes with
pancetta and garlic

製作 6 份，做為配菜

鵝油可說是烹調馬鈴薯時，所使用最高級的油了。它能讓馬鈴薯內部濕潤蓬鬆，外部則有完美的酥脆口感。製作手風琴馬鈴薯是我過往的一大樂趣 —— 還在當學徒的時候，我們常常會應宴會場合製作，而且通常是用鮮奶油烹煮。這道料理版本的口味較為輕盈，而且把各種風味浸入馬鈴薯片，開啟了全新的可能性。

1 將烤箱預熱至攝氏 200 度。

2 將馬鈴薯削皮，沿長邊切半。將馬鈴薯的切面朝下，再橫切一刀，切至整顆馬鈴薯的四分之三處，每片馬鈴薯片間隔距離 5 毫米。別完全切斷了，因為馬鈴薯需要保持連接。

3 將松露薄片、義式培根和大蒜隨意的擺放於每片馬鈴薯的切口中，每份馬鈴薯約搭配三份配料。

4 將鵝油放在一個烤盤中，放入烤箱加熱至融化。加入馬鈴薯，並撒上百里香枝和海鹽。烤約一小時，或是直到呈現金黃色為止；過程中，時不時把鵝油淋在馬鈴薯上。

粉質馬鈴薯 6 大顆（每顆約 300 克），
　　例如錫貝戈、克尼伯或是愛德華國王
　　馬鈴薯
削成薄片的黑松露 10 克
義式培根薄片 18 片，縱切一半
大蒜 6 瓣，切薄片
鵝油 2 大匙
百里香 1 大把
海鹽

鷹嘴豆
及甘藍佐煙燻培根

chickpeas and cabbage with smoked bacon

製作 4 份，做為配菜

乾燥的鷹嘴豆 200 克（1 杯），隔夜浸
　　泡在冷水中
松露味豬油 150 克（請見第 134 頁）
黃洋蔥 1 顆，切細碎
大蒜 2 瓣，切薄片
培根片 100 克，切成 1 公分寬的方塊
綠甘藍 600 克（¼ 顆），切薄片
紫甘藍 600 克（¼ 顆），切薄片
海鹽和現磨黑胡椒粉
磨細碎的黑松露，搭配使用

要讓鷹嘴豆變嫩，而且還保有原本形狀，其祕訣就在於烹調的方式。把鷹嘴豆煮到熟透，但中央仍保有一些嚼勁，接著關火，把鷹嘴豆留在熱水中熱熟。一旦水冷卻後，瀝乾並保存鷹嘴豆。

1　在冷水下沖洗鷹嘴豆，瀝乾，接著放入一個大型平底深鍋中，加入冷水，用大火煮沸。把火轉小，慢慢地煮到變嫩，約一小時。離火，讓鷹嘴豆於溫水中繼續浸泡，直到變得更嫩，約 10 分鐘。瀝乾並靜置於一旁。

2　在一個大型平底鍋中，用中火加熱松露豬油。加入洋蔥、大蒜和培根，煎炒約 5 分鐘，或是直到洋蔥變軟。加入甘藍和鷹嘴豆，把火轉大，烹煮直到甘藍變嫩，但質地仍保持扎實，約 6 分鐘。依個人口味調味，撒上磨碎的松露，即可上桌。

松露風味
半熟水煮蛋
佐蘿蔔茴香沙拉

soft-boiled truffle-infused eggs with
radish and fennel salad

製作 6 份，做為輕食的配菜

雞蛋或鴨蛋 9 顆
黑松露 20 克，外加削成薄片的松露做
　　為搭配
核桃 50 克
小圓蘿蔔 8 個，各切四等分
迷你茴香根 2 顆
平葉洋香菜 2 大把
軟質山羊起司 100 克

松露芥末淋醬
第戎芥末醬 1 大匙
白酒醋 2½ 大匙
葵花油 125 毫升（½ 杯）
核桃油 2½ 大匙
細砂糖 2 茶匙
磨細碎的黑松露 10 克
海鹽和現磨黑胡椒粉

為了要讓蛋注入濃郁的松露風味，你需要把蛋和松露一起放進一個密封容器中，靜置三天。因此，在料理前，請先做好規劃。如果能取得鴨蛋的話，它們會是很棒的食材。鴨通常在仲冬的半夜下蛋，比雞要來得早，所以和松露一樣都是當令食材。

1　將蛋和松露一起放入一個附蓋的容器中，冷藏三天。

2　製作松露芥末淋醬。在一個罐中，混合芥末、醋、油、糖和松露，蓋上蓋子密封，並搖晃罐子，直到食材混合為止。品嚐並以鹽和胡椒調味。

3　將烤箱預熱至攝氏 180 度。

4　將核桃均勻的鋪在一個烤盤上，烤 7 分鐘，或是直到稍微酥脆為止。從烤箱取出，靜置冷卻。

5　在一個平底深鍋中，用大火煮沸一鍋水，加入蛋，等待水再次沸騰。煮 4 分鐘，接著取出蛋，在冷水下沖洗冷卻。剝除蛋殼，放置於一旁。

6　使用一個曼陀林切片器或一把銳利的刀子，將茴香根縱切薄片。與洋香菜葉混合，擺放於一個餐盤上。

7　將蛋分成兩半，擺在蘿蔔和茴香的上方。淋上淋醬，接著撒上山羊起司和核桃，最後加上少許的松露薄片。

根菜麵疙瘩佐松露與榛果

root vegetable dumplings with truffle and hazelnuts

製作 4 份，做為前菜

根菜富有深層的大地風味，與松露極為相搭。在這道食譜中，這股風味為根菜麵疙瘩打下根基，而麵疙瘩整體的輕盈感，則來自於餡料微妙的融合。而麵團揉勻即可。

1 將一個蒸籠放入一個裝滿水的大型平底深鍋中，用大火煮至沸騰。將蔬菜放入蒸籠中，蓋上蒸籠蓋，蒸 25～30 分鐘，或是直到變軟，且竹籤能輕易插入為止。

取出蔬菜，用馬鈴薯搗碎器把蔬菜壓成泥。稍微靜置冷卻，接著加入麵粉和帕瑪森起司，混合均勻。加入海鹽調味。

2 在此同時，將烤箱預熱至攝氏 180 度。

3 把榛果均勻鋪在一個小烤盤上，放入烤箱烘烤，直到果仁轉為金黃色，且飄出香味，約 7 分鐘。將榛果放在一條乾淨的茶巾上，並用力摩擦，以去除外皮。將榛果與果皮分離，接著粗略切碎榛果，放置於一旁。

4 在一個稍微撒上麵粉的工作平台上，將麵團均勻擀成 2 公分粗的香腸狀，並使用一把鈍刀，橫切成 3 公分的麵疙瘩。

5 在一個大型平底深鍋中，用大火煮沸一鍋鹽水。將麵疙瘩放入水中，煮 1～2 分鐘，或是直到麵疙瘩浮至水面為止。使用漏勺，取出麵疙瘩，放入一個稍微抹油的托盤上。

6 在一個大型平底鍋中，用中大火融化奶油，加入迷迭香葉，煎至香氣散出。加入麵疙瘩，煎至金黃色，約 3～4 分鐘。撒上松露薄片和榛果，即可上桌。

果肉結實的南瓜 230 克，例如昆士蘭藍或甜灰南瓜（Sweet grey），去皮並切成 5 公分大小的塊狀

馬鈴薯 300 克，去皮並切成 5 公分大小的塊狀

瑞典蕪菁 200 克，去皮並切成 5 公分大小的塊狀

中筋麵粉 100 克（⅔ 杯）

磨細碎的帕瑪森起司 35 克

海鹽

榛果仁（Hazelnut kernels）100 克

無鹽奶油 150 克

迷迭香葉 2 大匙

削成薄片的黑松露 14 克

松露味豬油烤洋蔥
佐波倫塔

onions roasted in truffled lard with polenta

製作 4 份，做為主食

中等大小黃洋蔥 4 顆
中等大小紅洋蔥 4 顆
百里香 5 枝
紅酒 125 毫升（½ 杯）
紅糖 1 大匙
磨細碎的黑松露，裝飾用

松露味豬油

軟豬脂（油）300 克
磨細碎的黑松露 20 克
海鹽 1 大匙

松露波倫塔

牛奶 300 毫升
波倫塔 [31]（Polenta）115 克
磨細碎的帕瑪森起司 60 克（¾ 杯）
磨細碎的黑松露 12 克
海鹽和現磨黑胡椒粉

豬油已經不再是昔日髒話了 [32]。我們已經認知到，天然的動物脂肪更容易被人體消化，這也代表豬油再次回歸到我們的飲食中。這道松露味豬油可以冷藏保存至少三個月，也能運用在各式料理中，從揉麵團、塗抹於溫熱吐司，或是烤蔬菜時，都可以使用。

1　將烤箱預熱至攝氏 150 度。

2　將整顆未剝皮的洋蔥放入一個烤盤中，烤到變得極軟為止，約需 1.5 ～ 2 小時。取出，靜置一旁冷卻，直到能用雙手觸摸。接著剝皮，並丟棄外皮，保留整顆洋蔥。

3　在此同時，製作松露味豬油。將豬油放入裝有攪拌槳的電動攪拌機的碗中，加入松露和鹽，低速攪拌約 5 分鐘，直到充分拌勻。移至一個密封容器中，冷藏備用。松露味豬油可冷藏保存長達 3 個月。

4　製作松露波倫塔。在一個厚底平底深鍋中，加入奶油和 300 毫升的水，用中大火煮沸。拌入波倫塔，接著轉為小火，用木湯匙時時攪拌，約一小時，或是直到食材的質地變得滑順、無粗粒為止。拌入帕瑪森起司和松露，依個人口味，加鹽和胡椒調味。

5　在一個大型平底鍋中，用中小火加熱 80 克的松露味豬油，加入洋蔥和百里香，輕輕翻炒，直到洋蔥外部焦糖化為止，約 10 分鐘。加入酒和糖，繼續炒 8 ～ 10 分鐘，或是直到酒濃縮至原本一半的份量為止。若有需要，可調整調味，擺放在波倫塔上，並以現磨松露裝飾，即可上桌。

31　以玉米澱粉製作而成，煮過後，會呈現如粥的質地，又譯為玉米粥。

32　豬油（Lard）在某些英語文化中，曾是下流粗話。

◇◇◇ chapter seven ◇◇◇

sweet

甜 點

松露卡士達
布里歐甜甜圈
佐水煮榅桲

truffle custard brioche doughnuts with
poached quince

製作 10 份

磨細碎的黑松露 5 克
白砂糖 110 克（½ 杯）
植物油，油炸用

布里歐麵包
中筋麵粉 450 克（3 杯）
乾酵母（Dried yeast）3 茶匙
鹽 1 撮
細砂糖 2 大匙
牛奶 60 毫升（¼ 杯）
蛋 4 顆，稍微打散
無鹽奶油 250 克，粗略切碎

水煮榅桲
細砂糖 440 克（2 杯）
香草莢 2 顆，沿長邊切半
榅桲 1.7 公斤（約 4 顆），洗淨

松露卡士達內餡
牛奶 600 毫升
香草莢 1 顆，沿長邊切半，刮下香草籽
細砂糖 140 克
中筋麵粉 120 克
奶油 60 克
蛋黃 90 克（約 5 顆蛋）
磨細碎的黑松露 16 克

把松露加在卡士達醬或是任何乳製品中，絕不會出錯。把餡料充餡至布里歐甜甜圈中，並搭配初冬頂級水果——榅桲，一起端上桌，就能完成一道極為高雅的甜點。

1 製作布里歐麵包。在一個裝有麵團鉤的電動攪拌器中，慢慢地加入麵粉、酵母、鹽和糖，拌勻。在攪拌器持續運轉的狀態下，加入牛奶和蛋，直到攪拌成麵團。逐步加入奶油，攪打，每次加入的份量都完全拌勻後，再加入下一份，直到麵團質地呈現滑順，且帶有光澤為止。

將麵團移至一個抹有少許油的碗中，覆蓋，並在一個無風的環境中，靜置一小時，或是直到麵團體積增為原本的兩倍。拍打麵團，以排出空氣，繼續靜置一小時，或是直到體積又增為兩倍大為止。將麵團均分成 10 等分，並揉捏成球狀。放入一個鋪有烘焙紙的烤盤上，覆蓋，並等待發酵成兩倍大（需繼續等候一小時左右）。

2 製作水煮榅桲。將烤箱預熱至攝氏 150 度。在一個小型平底鍋中，混合糖、香草莢與 500 毫升（2 杯）的水，用小火攪拌，直到糖融化。將榅桲去皮，切成四等分，去核，並放入一個大型烤盤中。用一塊方形棉紗布包裹果核和果皮，放進烤盤，並把糖漿淋在榅桲上。接著覆蓋，烘烤 3 小時，或是直到變軟且呈現深紅色為止。

3 在此同時，在一個香料研磨機或是研缽中，混合松露和糖，研磨或搗碎成精細的粉末。用密封罐保存備用。

4 製作卡士達餡料。將牛奶、香草莢、香草籽，以及 40 克的糖放入一個平底鍋中，加熱至沸騰。將麵粉、奶油和剩餘的糖搓揉在一起，接著加入牛奶中，持續攪拌 6 分鐘，並煮出麵粉風味。取出香草莢。將食材放到一個裝有攪拌頭的電動攪拌器中，加入蛋黃和松露，在低速設置下攪拌，直到冷卻。倒入一個碗中，以保鮮膜覆蓋，放進冰箱冷藏。

5 在一個油炸鍋或大型平底鍋中，加熱植物油至攝氏 180 度。先加入幾個甜甜圈，每面各炸 2～3 分鐘，或是直到呈現金黃色且全熟為止。使用漏勺撈出，在餐巾紙上瀝乾。重複以上步驟，分批製作剩下的甜甜圈。

6 端上桌前，將溫熱的甜甜圈裹上松露糖，置於一旁，稍微冷卻。把甜甜圈切半，將松露卡士達醬與水煮榅桲充餡至甜甜圈中，即可上桌。

清蒸糖蜜、椰棗和薑布丁
佐松露卡士達醬

steamed treacle, date and ginger
pudding with truffle custard

製作 8 份

椰棗（Date）125 克，去核並粗略切碎
無鹽奶油 125 克
細砂糖 100 克
糖蜜 2 大匙
蛋 2 顆
自發粉 [33]（Self-raising flour）200 克
　（1⅓ 杯）
鹽 1 撮
薑粉 2 茶匙

松露卡士達醬
牛奶 500 毫升（2 杯）
稀奶油 400 毫升
蛋黃 240 克（約 12 顆蛋）
細砂糖 200 克
磨細碎的黑松露 15 克

在寒冷的冬夜享用清蒸布丁，就好比裹上了一條溫暖的羊毛毯。在這道食譜中，松露只加在卡士達醬中，也因此，歡迎你在其他食譜當中使用它——淋在你最愛的蘋果派上，格外美味。

1　在一個小型平底鍋中，混合椰棗和 80 毫升（⅓ 杯）的水，用大火煮沸。離火，蓋上蓋子，靜置於一旁冷卻。

2　在容量 1.8 公升的一個布丁碗中，抹上奶油和麵粉。使用放入裝有攪拌槳的電動攪拌機，攪打奶油和糖，約 5 分鐘，直到顏色泛白且呈現鮮奶油狀為止。拌入糖蜜和蛋，一次只加一顆蛋，直到混合後，再加入下一顆。過篩加入麵粉、鹽和薑，並拌入椰棗。

3　將麵糊舀入布丁碗中。將一張烘焙紙和鋁箔紙重疊，中央折出一折 [34]（Pleated），覆蓋於布丁碗上，接著，使用料理繩，圍繞布丁碗綁上一圈。

4　將布丁放入一個大型平底鍋中，倒入水位高達布丁碗一半的水。蓋上鍋蓋，燉煮兩小時，若有需要的話，可適時加水，直到用手輕輕壓布丁中央時，布丁會回彈為止。取出布丁，靜置於一旁，同時開始製作卡士達醬。

5　製作松露卡士達醬。在一個平底鍋中，混合牛奶和稀奶油，用大火煮沸。在此同時，在一個大碗中，混合蛋黃和細砂糖並拌勻。把剛剛溫熱好的牛奶和稀奶油加入蛋液中，接著將此材料倒回鍋中，並用中火攪拌，使用料理溫度計量測，直到卡士達醬加熱至攝氏 83 度為止。拌入磨碎的松露。

6　將布丁倒扣在一個餐盤上，切片，立刻搭配松露卡士達醬，即可上桌。

33　自發粉是混合發粉的麵粉。

34　此技巧是為了保留發酵的空間。

這道食譜的名稱開了個松露小玩笑，因為它看起來就像剛從泥土中挖出的松露。使用巧克力酥餅來製作泥土以及松露表層。在質感上，酥餅也與絲滑的冰淇淋呈現美妙的對比。你可以把酥餅切成餅乾形狀並烘焙，再夾一球冰淇淋在兩片餅乾中間，就變成松露冰淇淋三明治了。

1　製作巧克力沙布列酥餅。將麵粉、鹽、糖霜和可可粉過篩進一個大碗中，加入奶油並用指尖搓揉，直到麵糊形成類似細碎麵包粉的質地為止。攪拌蛋、蛋黃和香草精，並加入麵糊中，攪拌勻勻。輕輕揉捏成質地滑順的麵團。用保鮮膜包裹麵團，放入冰箱冷藏至少一小時。

2　在一個平底鍋中，混合牛奶、稀奶油、香草莢和香草籽，用大火煮沸。在此同時，在一個大碗中，將蛋黃和細砂糖攪拌勻勻。將剛剛溫熱的牛奶混合物拌入蛋液中，接著再全部倒回平底鍋中，用中火加熱，直到卡士達醬達到料理溫度計的攝氏 83 度。拌入磨碎的松露。

靜待卡士達醬冷卻，接著取出香草莢，並用冰淇淋機攪拌卡士達醬，直到質地變成結實。接著把卡式達醬移至另一個耐冷凍的容器中，冷凍備用。

3　將烤箱預熱至攝氏 180 度，並在一個烤盤上鋪上烘焙紙。

4　在一個抹上少許麵粉的工作平台上，將麵團擀成 3 毫米厚，並放置於準備好的烤盤上。烘烤直到觸感變得扎實，約 12 ～ 15 分鐘，接著從烤箱中取出，移置一個烘焙網架上，等待完全冷卻。

5　用你的雙手把沙布列酥餅剝碎，加入食物處理機的碗中，打碎成細碎的粉末。

6　分別舀出 12 球冰淇淋，把每一球冰淇淋都放在沙布列酥餅粉中滾動，輕壓，讓冰淇淋均勻裹上厚厚一層的酥餅。把冰淇淋放置於一個鋪有烘焙紙的烤盤上，以保鮮膜覆蓋，放回冷凍庫。保留剩下的餅乾粉。

7　端上桌前，在每個盤子上，分別撒上剩下的沙布列餅乾粉，以做為基底，放上冰淇淋，立刻端上桌。

出土松露

truffle in soil

製作 6 份

牛奶 500 毫升（2 杯）
稀奶油 400 毫升
香草莢 1 顆，沿長邊切半，刮下香草籽
蛋黃 240 克（約 12 顆蛋）
細砂糖 200 克
磨細碎的黑松露 16 克

巧克力沙布列酥餅（Chocolate sablé biscuit）

中筋麵粉 225 克（1½ 杯）
鹽 1 撮
糖霜 80 克（½ 杯）
可可粉（⅓ 杯）35 克
無鹽奶油 110 克，切細碎
蛋 1 顆
蛋黃 1 顆
香草精 1 茶匙

松露鮮奶油
佐楓糖漿水煮蘋果
及燕麥脆片

truffle creams with maple syrup
poached apple and oat crunch

製作 6 份

稀奶油 600 毫升
細砂糖 80 克
磨細碎的黑松露 25 克
鈦級吉利丁片 2 片，浸泡於冷水中
楓糖漿 80 毫升（⅓ 杯）
香草莢 1 顆，沿長邊切半，刮下香草籽
肉豆蔻 3 顆
丁香 2 枝
蘋果 3 顆，去皮去核，並切成薄片

燕麥脆片
傳統燕麥片 160 克
杏仁片 50 克（⅔ 杯）
南瓜籽 2 大匙
芝麻 1 大匙
中筋麵粉 2 大匙
鹽 1 撮
楓糖漿 70 毫升
葵花油 1 大匙

這道甜點幾乎可視為英式早餐鬆糕（Trifle）。它是盛裝在玻璃杯中的松露義式奶凍（Panna cotta），透過水煮水果、楓糖漿和燕麥脆片的層層堆疊，增加口感——除了蘋果以外，它也適合搭配西洋梨或榅桲，因此歡迎多方嘗試。我一直都覺得甜點裝在玻璃杯中，格外優雅，組合起來也很簡單。剩下的燕麥脆片可撒在水果沙拉和優格上，做為早餐享用，相當不錯。

1　在一個平底鍋中，混合稀奶油、糖和松露，用中火攪拌，直到糖融化。從水中取出吉利丁片，擠掉多餘的水分。將吉利丁片加入溫熱的稀奶油中，攪拌溶解。將混合物倒入六個容量 500 毫升（2 杯）的玻璃杯中，冷藏直到凝固，約需 3 小時。

2　製作燕麥脆片。將烤箱預熱至攝氏 180 度，並在一個烤盤上鋪上烘焙紙。在一個碗中，混合所有的食材，接著均勻地鋪在準備好的烤盤上，放入烤箱中烘烤，直到開始轉變為金黃色為止。用湯匙攪拌，並繼續烘焙、時時攪拌，約 15 ～ 18 分鐘，或是直到食材均勻的呈現棕色為止。從烤箱中取出，並靜置冷卻。燕麥材料可在密封容器中，存放長達 3 週之久。

3　在一個寬底的平底鍋中，混合楓糖漿、香草莢、各式種子、肉豆蔻和丁香，以及 80 毫升（⅓ 杯）的水。用大火煮沸，接著轉為小火，燉煮所有材料，加入蘋果片，並非常輕柔地攪拌，避免蘋果碎裂開來。繼續煮 15 分鐘，或是直到蘋果變軟，水分變濃厚且呈現糖漿狀為止。接著離火，靜置冷卻至室溫。取出香草莢、肉豆蔻和丁香，將材料冷藏備用。

4　端上桌前，從冰箱中取出奶油，將水煮蘋果搭配少許糖漿舀入杯中。撒上燕麥脆片，完成。

松露
及糖漬柳橙丹麥酥
truffle and candied orange danishes

製作 12 份

牛奶 600 毫升

香草莢 1 顆，沿長邊切半，刮下香草籽

細砂糖 140 克

中筋麵粉 120 克

冷的無鹽奶油 60 克，切碎

蛋黃 90 克（約 5 顆蛋）

磨細碎的黑松露 15 克

糖漬柳橙 3 片，切四等分

蛋 1 顆，額外用，稍微打散

柳橙醬 85 克（¼ 杯）

發酵千層酥皮

高筋麵粉 450 克（3 杯）

鹽 1 撮

無鹽奶油 450 克，粗略磨碎

乾酵母 1 大匙

發酵千層酥皮用於製作所有的維也納甜酥麵包（Viennoiseries）品項，例如可頌、法式巧克力麵包和各種丹麥酥。這是一道簡易的酥皮食譜，不過製作出來的成果會十分亮眼。在這道食譜中，我使用柳橙，不過糖漬酸櫻桃和冷凍莓果也十分美味。

1 製作千層酥皮。將麵粉和鹽過篩至一個工作平台上，接著把奶油撒在麵粉上。使用麵團刮刀，來回切奶油和麵粉，直到約略混合為止，接著在麵團中央做井。在一個小碗中，混合酵母和 2½ 大匙的溫水，接著混合 130 毫升的常溫水。倒入井中，使用刮刀攪拌，直到形成麵團為止。將保鮮膜包裹酥皮麵團，冷藏 30 分鐘。

2 在一個稍微抹上麵粉的工作平台上，把麵團擀平，形成約 1.5 公分厚的長方形。將兩個短邊往內折至中央線，再對折一次。再次使用保鮮膜覆蓋，冷藏靜置 30 分鐘。重複兩次擀平、對折及靜置的步驟。

3 將牛奶、香草莢和 40 克的糖放入一個小型的平底鍋中，煮至沸騰。將剩餘的糖與麵粉一起放入一個碗中，接著用指尖搓揉奶油進麵糊中，製作成奶酥。將奶酥加入沸騰的牛奶中烹煮，時時攪拌 6 分鐘，以散發出麵粉香味。取出香草莢。將麵糊移置裝有攪拌槳的電動攪拌機中，加入蛋和松露，用低速攪拌直到冷卻。倒入一個碗中，以保鮮膜覆蓋，冷藏備用。

4 在一個稍微抹上麵粉的工作平台上，將酥皮麵團擀成 5 毫米厚。切成 12 公分寬的正方形（酥皮麵團應該要足夠製作出 12 個正方形）。將一大匙的卡士達醬放在每塊正方形麵皮的中央，並撒上糖漬柳橙，接著，將對角折至中心、捏起封口。擺放至一個鋪有烘焙紙的大型烤盤上。刷上蛋液，並在室溫下靜置冷卻約一小時，直到麵團體積增為原先的兩倍為止。

5 將烤箱預熱至攝氏 190 度。

6 將丹麥酥放入烤箱中，烤至金黃色，約 25 ～ 30 分鐘。從烤箱中取出，並在烘焙網架上靜置冷卻。在此同時，在一個平底鍋中，混合柳橙醬和 1½ 大匙的水，用中火煮沸。以篩網過濾，接著刷在丹麥酥上，即可上桌。這道酥餅最適宜於烘焙當天食用完畢。

舒芙蕾食譜既夢幻，卻也可怕。大部分的人因為害怕災難性失敗，所以避而遠之。不過，如果好好分解各步驟的話，它們其實相當好懂，前提是，你得要遵循幾道簡單的規則。別把蛋白打發超過濕性發泡狀態，而且要非常溫柔地把它們拌入栗子卡士達醬中。先加入三分之一打好的蛋白，讓卡士達醬的質地變輕盈，這能幫助你後續順利混入其他食材，也不至於損失卡士達醬當中寶貴的空氣。你可以在大部分優質食材商店和高級歐陸熟食店中，購買到栗子泥[35]。

1 將牛奶、香草籽和香草莢以及 40 克的糖放入一個小型平底鍋當中，煮沸。將剩餘的糖與麵粉一起放入一個碗中，接著用指尖搓揉奶油進麵糊中，製作成奶酥。將奶酥加入沸騰的牛奶中，烹煮、持續攪拌 6 分鐘，煮出麵粉風味。取出香草莢。將材料移置裝有攪拌槳的電動攪拌機的碗中，加入蛋黃、栗子泥和松露，以低溫攪拌直到冷卻。倒入一個碗中，以保鮮膜覆蓋，冷藏備用。

2 製作可麗餅。在一個碗中，攪拌蛋和蛋黃，接著拌入牛奶和奶油。再拌入麵粉和糖，接著靜置於一旁，冷卻 15 分鐘。

用中大火加熱一個可麗餅鍋或是一個 25 公分寬的平底鍋，並刷上少許融化的奶油。將 60 毫升（¼ 杯）的可麗餅麵糊舀入鍋中，旋轉鍋身使麵糊剛好在鍋中覆蓋一層，接著煎 1 ～ 2 分鐘，直到凝固。小心地用鍋鏟翻面可麗餅，繼續煎一分鐘。移置一個溫熱的盤上。重複此步驟，製作出 6 片可麗餅。

3 製作巧克力醬。在一個平底鍋中加熱稀奶油直到剛好沸騰，加入巧克力，接著離火，攪拌直到融化且結合為止。

4 將烤箱預熱至攝氏 180 度，並在一個大型烤盤上鋪上烘焙紙。

5 用電動攪拌器攪拌蛋白和細砂糖，直到呈現濕性發泡。將卡士達醬放入一個大碗中，加入三分之一的蛋白，攪拌勻勻，接著加入剩餘的蛋白，溫和地拌勻。

6 將可麗餅放置於準備好的烤盤上。在每片可麗餅的一半、塗上 75 克（½ 杯）的卡士達醬，接著對折可麗餅，再對折成四等分。在烤箱中，烤可麗餅約 15 分鐘，或是直到變得鬆軟且呈現金黃色為止。立刻搭配巧克力醬端上桌。

栗子松露舒芙蕾可麗餅

chestnut truffle soufflé crêpes

製作 6 份

牛奶 300 毫升
香草莢 1 顆，沿長邊切半，刮下香草籽
細砂糖 70 克
中筋麵粉 60 克
冷的無鹽奶油 30 克，切碎
蛋 3 顆，分開蛋黃及蛋白
不加糖的栗子泥 2 大匙
磨細碎的黑松露 10 克
額外的細砂糖 1 大匙

可麗餅
蛋 1 顆
蛋黃 1 顆
牛奶 250 毫升（1 杯）
無鹽奶油 35 克，融化，外加額外烹煮用的份量
中筋麵粉 150 克（1 杯）
細砂糖 1 大匙

巧克力醬
稀奶油 300 毫升
黑巧克力（70%）100 克，粗略切碎

---

35 台灣可在食品材料行或網路上，買到栗子泥。

松露蛋塔
truffled custard tart

製作 6 份

牛奶 180 毫升（¾ 杯）
香草莢 1 顆，沿長邊切半
蛋 1 顆
蛋黃 3 顆
細砂糖 125 克
磨細碎的黑松露 10 克

油酥塔皮
中筋麵粉 210 克
細砂糖 40 克
鹽 1 撮
冷無鹽奶油 150 克
蛋黃 1 顆
冰水 1 大匙

這道經典蛋塔經過改良，如果你喜歡，也可以製作成小蛋塔。這款蛋塔可適用各種尺寸的模具，不過得依尺寸來調整烹飪時間。你只要記得在加入卡士達醬前，已有漂亮的棕色基底派皮即可——這能確保蛋塔的最終質地保有酥脆。最後一個步驟需要用到料理噴槍，也就是讓蛋塔表面均勻焦糖化，不過，如果你想跳過這道步驟也可以，製作出來的蛋塔還是會十分漂亮。

1　製作油酥塔皮。將麵粉、糖和鹽放入一個大碗中。用指尖搓揉奶油進麵糊，直到麵糊形成如粗麵包屑的狀態。加入蛋黃和冰水，攪拌勻勻，直到與麵糊混合為止。把麵糊倒在一個乾淨的工作平台上，並輕輕揉捏，接著把塔皮塑形成一個扁圓盤狀，用保鮮膜包裹，冷藏至少一小時。

2　在一個厚底的平底鍋中，混合牛奶和香草莢，用中火加熱至剛好快要沸騰為止。在此同時，在一個大碗中，拌入蛋、蛋黃和一半的糖。加入熱牛奶，攪拌勻勻，接著取出香草莢，刮下香草籽加入卡士達醬中。拌入磨碎的松露。

3　在一個抹有少許麵粉的平台上，把塔皮擀平成 5 毫米厚。鋪在一個 34 公分 ×11 公分尺寸的塔模中，接著鋪上烘焙紙，並裝滿烘焙派石 [36]（Baking weights）。冷藏 30 分鐘。

4　將烤箱預熱至攝氏 190 度。

5　在烤箱中烤塔皮 15 ～ 20 分鐘，或是直到邊緣呈現金黃色，接著取下烘焙紙和重石，並繼續烤 10 分鐘，直到底部呈現金黃色為止。從烤箱中取出，冷卻至室溫。將烤箱溫度降低至攝氏 150 度。

6　將卡士達醬倒入冷卻的塔皮中，放回烤箱，烤到剛好凝固為止，約 20 分鐘。從烤箱中取出，靜置完全冷卻。將剩餘的細砂糖均勻撒在塔上，接著使用噴槍焦糖化表面。靜置冷卻後，即可上桌。

---

[36]　用於製作派皮或塔皮時，透過本身的重量壓住派皮，預防在烘烤時，因派皮膨脹而導致變形。又可稱為壓塔石、壓派石。

水煮西洋梨
和松露卡士達
海綿蛋糕

poached pear and truffle custard
sponge

製作 8 份

自發粉 180 克
細海鹽 1 撮
軟化無鹽奶油 180 克，粗略切碎
細砂糖 180 克
蛋 3 顆
香草莢醬（Vanilla paste）1 茶匙
糖霜，抹撒用（自由選用）

水煮西洋梨
大顆未熟軟西洋梨 3 顆，去皮並沿長邊
　　切半
白砂糖或細砂糖 180 克
檸檬汁 2 顆
白酒 2 ½ 大匙

松露卡士達醬
牛奶 600 毫升
香草莢 1 枝，沿長邊切半
細砂糖 140 克
中筋麵粉 120 克
冷的無鹽奶油 60 克，粗略切碎
蛋黃 90 克（約 5 顆蛋）
磨細碎的黑松露 15 克
稀奶油 300 毫升

水煮未熟軟的西洋梨，也意味著它們會因為含有果膠成分，而變成漂亮的淺粉紅色；而這種果膠在未熟的水果中，含量較高。如果你無法在烘烤當天食用蛋糕，就把它們存放在密封容器中，並把西洋梨和卡士達醬分開冷藏，在上桌前，再組裝蛋糕。

1　製作水煮西洋梨。將烤箱預熱至攝氏 150 度。將西洋梨以切面朝下，放入一個焗烤盤中，接著撒上糖、淋上檸檬汁和白酒。用鋁箔紙覆蓋，並烤至變嫩且轉為粉紅色為止——取決西洋梨的熟度，最多可能需要花上 4 小時左右。在水分中冷卻。使用水果挖球器去核、去梗，接著再把西洋梨沿長邊切半。使用篩網過濾水煮西洋梨的水分，並保留。

2　在此同時，製作松露卡士達醬。將牛奶、香草莢和 40 克的糖放入一個小型平底鍋中，煮沸。將剩餘的糖與麵粉一起放入另一個碗中，接著用指尖搓揉奶油進麵糊中，製作成奶酥。將奶酥加入沸騰的牛奶中，用中火邊煮邊攪拌，約 6 分鐘，直到散發出麵粉香味。加入蛋黃和松露，接著移置裝有攪拌槳的電動攪拌器中，用低速攪拌直到冷卻。取出香草莢，將香草籽刮入卡士達醬中。攪拌稀奶油，直到呈現中性發泡，拌入卡士達醬中，冷藏備用。

3　將烤箱預熱至攝氏 180 度。在一個 20 公分寬的圓形蛋糕模具中，抹上奶油和麵粉。

4　將麵粉和鹽過篩至一個碗中。將奶油放入裝有攪拌槳的電動攪拌機的碗中，並攪打直到顏色泛白且呈現鮮奶油狀態為止，接著加入糖，再繼續攪打 5 分鐘，或是直到麵糊質地變得滑順、輕盈為止。一次加入一顆蛋，持續攪打，直到混合。

5　將麵糊移置一個大碗中，並過篩一半的麵粉及鹽至麵糊中。輕輕拌勻，重複此步驟，加完剩餘的麵粉，最後才加入香草莢醬。將麵糊舀入準備好的蛋糕模具中，烤至呈現金黃色，且在輕輕按壓中央時，蛋糕會立刻回彈為止，約 30 分鐘。倒出置於烘焙網架上，靜待完全冷卻。

6　將蛋糕放在一個餐盤上，抹上松露卡士達醬。放上西洋梨，淋上剛才保留的水煮糖漿。如果想要的話，可以撒上大量的糖霜，立刻端上桌。

謝辭

◇◇

出書是一樁難以置信的殊榮，即使這已經是第二次了，還是感覺不容易。一如往常，賽薇里妮（Séverine）你是我的靠山，忍受我的怪癖和毛病。每年松露季節來臨時，當我明顯買了過多的松露，甚至超乎所需，你也是睜一隻眼閉一隻眼。我也是個幸運的男人，兩個孩子持續讓我感到振奮、快樂。我期待看他們——崔斯坦（Tristan）和克蘿伊（Chloé）依自己的步調，發展成強大的大人。

再次感謝路克·柏吉斯（Luke Burgess）：我的摯友以及榮譽家族成員。你對人生永不妥協的態度，是你的攝影作品如此美麗的原因。致凱絲·史托克（Cass Stokes）：感謝你在艱困的情況下，仍全力尋找美麗的道具。書中的照片如此美麗，都要歸功於你的辛勞。感謝史黛西·瑞德（Stacey Reid）：謝謝你協助烹調本書的食譜，你專業的態度、烹飪技能，與在廚房裡所展現永不放棄的態度，令我大感欽佩。

也要向「搖籃鄉村小屋」（Cradle Country Cottages）的珍妮佛·杭特（Jennifer Hunter）獻上大大的感謝。不只是提供所有食譜中使用的松露，還讓我們在你們美麗的松露園進行攝影。如果不是法蘭·李（Fran Lee）和她的四隻腳的小幫手桑妮（Sunny）和伊琪（Izzie），就不會有本書中所使用的松露了。

我非常幸運，能和澳洲松露工業中、懷有滿腔熱情的一些人士交流。感謝彼得·庫柏（Peter Cooper）和吉兒·庫柏（Jill Cooper）與我分享松露工業的起源。

彼得身為澳洲松露產業的先驅，他始終樂於分享自己的時間和知識。他是一位真誠的紳士，善於說各種奇聞漫談，他對這個產業和這本書留下難以磨滅的貢獻，永誌難忘。[37]

感謝黑土松露農場（Terra Preta Truffles）彼得·馬歇爾（Peter Marshall）所付出的時間與耐心。我可以誠實的說，我們的對話拓展了我的思路——你的熱忱有十足的感染力。感謝「澳洲松露商農場」的柯林·布思（Colin Booth），分享你在松露上的建議和洞見，還要感謝「塔瑪爾谷松露農場」（Tamar Valley Truffles）的馬可斯·傑瑟普（Marcus Jessup），貢獻你的時間以及對松露智慧。

要讓我的食物與美麗的餐具琴瑟和鳴，我總是仰賴山脊陶器（Ridgeline Pottery）的班（Ben）和皮塔·理查森（Peta Richardson）。感謝你們總是敞開工作室的大門，任我恣意挑選——我深深感激你們的友誼和支持。還要大大感謝琳賽·惠瑞特（Lindsey Wherrett）讓我突襲她美麗的收藏品。

致「椎爾廳百貨」（The Drill Hall Emporium）的蘇·詹姆斯（Sue James）、譚米（Tammy）和唐娜·貝爾德（Donna Baird）：你們慧眼獨具的收藏，總能讓我的食物看起來更可口。感謝你們再次向我敞開大門。謝謝李·法洛（Lee Farrell）在攝影時，提供各種畫龍點睛的小飾品，也感謝比爾·柯提斯（Bill Curtis）提供木質背景。也要謝謝「澳洲陶器家居」（Mud Australia）、梅傑（Major）、湯姆（Tom）和賽門·強森（Simon Johnson），讓我們長時間借用道具——若沒有你們的體諒，我們的企畫永遠無法實現。

感謝企鵝出版集團的團隊：艾薇·歐（Evi O），謝謝你總是對我們的企畫懷有興奮與熱忱，也謝謝瑞秋·卡特（Rachel Carter）堅毅的領航——你的看法與建議，無可取代。

最後，要感謝無與倫比的茱莉·吉卜斯（Julie Gibbs）：感謝你對於我加入企鵝出版這個大家庭，保有信心，對此我欠你一筆深深的感激，你堅毅的精神讓這本書得以開花結果，而我們真摯的友誼也因而誕生。為人生下一章舉杯歡慶！

---

37 彼得·庫柏於 2023 年辭世，作者特在中文譯本中，寫下對彼得致敬之詞。

供應商

◇◇

澳洲松露供應商

黑松露採收商行（Black Truffle Harvest）
無官網
大南方松露商行（Great Southern Truffles）
greatsoutherntruffles.com.au
貴夫人松露行（Madame Truffles）
madametruffles.com.au
來自塔斯曼尼亞的佩里戈爾黑松露
perigord.com.au

松露農與供應商

· 塔斯曼尼亞州
塔瑪爾谷松露農場（Tamar Valley Truffles）
tamarvalleytruffles.com.au
塔斯曼尼亞松露農場（Truffles of Tasmania）
trufflesoftasmania.com.au
· 新南威爾斯州
藍蛙松露農場（Blue Frog Truffles）
bluefrogtruffles.com.au
羅厄斯山松露園（Lowes Mount Truffière）
lowesmounttruffles.com.au
黑土松露農場（Terra Preta Truffles）
terrapretatruffles.com
耶維爾屯松露農場（Yelverton Truffles）
無官網
· 西澳州
澳洲松露商農場（Australian Truffle Traders）
australiantruffletraders.com
橡樹谷松露農場（Oak Valley Truffles）
oakvalleytruffles.com.au
穀倉農場（Stonebarn）
onebarn.com.au
露葡萄酒莊（The Truffle & Wine Co）
uffleandwine.com.au
亞州
拉河谷松露農場（Yarra Valley Truffles）
rravalleytruffles.com.au

松露體驗活動

◇◇

搖籃鄉村小屋的獵松露體驗

或許是因獵人與生俱來的狩獵採集本能，沒有什麼比追隨一隻狗，穿梭在松露園尋找松露，更令人興奮了。位於塔斯曼尼亞州西北部的搖籃鄉村小屋（Cradle Country Cottages），每年松露季節，從五月到八月，都有提供這項體驗活動。

無官網

農業廚房的松露烹飪體驗

每年松露季，農業廚房都開班松露烹飪的體驗課程，將堆成小山那麼高的黑松露，轉換成一場皇家等級的饗宴。學習烹飪松露的最好方法，就是親自沉浸於這道魔幻食材的色香味之中。

theagrariankitchen.com

參考文獻

◇◇

Antonio Carluccio, *The Complete Mushroom Book*
(Quadrille Publishing, London, 2005)
Patrik Jaros, *The Joy of Truffles*
(Taschen, Cologne, 1998)
Elizabeth Luard, *Truffles* (Frances Lincoln, London, 2006)
Sergio Rossi, *Truffles: The Divine Earth*
(SAGEP, Genova, 2011)
Paul Stamets, *Mycelium Running: How Mushrooms Can Help Save the World* (Ten Speed Press, Berkeley, California, 2005)